刻意練習你的魔幻時刻，抓住生涯的關鍵契機

即興表達力

IMPROMPTU

Leading in the Moment

Judith Humphrey

茱迪斯・韓福瑞／著 王克平、坰清／譯

目錄

第3部　領導者的談話腳本

第4部 各種場合的即興表達腳本

第5部 即興舞台

致我的伴侶馬克

獻給所有讓我們的生活如此歡樂的即興時刻

開場白

本書的靈魂

每本書，無論是自傳、小說、商業書籍，還是非專業讀物，無一例外來自作者內心深處。有些書探索得更深入一些，甚至比我之前出版的兩本書《像領導者一樣講話》（*Speaking as a Leader*，中文書名暫譯）和《走上舞台：女性如何在講話中脫穎而出並最終成功》（*Taking the Stage: How Women Can Speak Up Stand Out and Succeed*，中文書名暫譯）還要深刻，例如你此刻手中的這本書。這本書源於我的個人經歷。

那是念七年級的時候，我們老師認為十二歲的孩子應該要開始培養即興演講能力。有一天，我被老師點名，於是我有生以來第一次被要求即興發言。我直接走到全班同學的前面，竟然沒有一點害怕的感覺。老師出給我的題目是「男生」，我還清楚地記得當聽到這個題目時，一開始心裡的那一陣慌亂。當然，作為一名害羞的青春期小女生，我對男生有很多看法，但誰願意公開談論這樣的私人話題啊！更何況，我生長在一個非常傳統的家庭，父母甚至都不允許我們看「貓王」艾維斯．普里斯萊（Elvis Presley）的電視節目，更別提什麼談論異性了，談論男生對我來說屬於禁區。結果那天在全班同學面前，我莫名其妙地說出了第一句：「我來自一個沒有男孩、卻有五個女孩的家庭，我不知道為什麼老師要讓我談論這個話題……」之後到底還講了什麼，我現在已經記不清了，只記得，當時在眾目睽睽之下，我內心的那種不安和惶恐。

正是這段小插曲塑造了我後來的職業生涯和生活的軌跡。自從那次令人尷尬的經歷後，我拿起了小提琴，只要有機會我就上舞台表演，潛心學習如何克服緊張情緒。後來在印第安納大學（Indiana University）音樂學院（世界頂級音樂學院之一）學習時，我與室內樂團和管絃樂隊合作演出。之後，我到紐約州羅徹斯特大學（University of Rochester）讀研究所，並轉讀了文學，然後在加拿大多倫多成為一名大學講師，經常面對幾百名學生講課。再後來（作為演講稿撰稿人幾年後），我成立了韓福瑞集團（The Humphrey Group），幫助其他領導者克服心理恐懼、成為成功的溝通者。

站在舞台上演奏小提琴並非易事，後來我在各種場合自信地進行權威性的演講，同樣歷經各種挑戰。在上大學的時候，我強迫自己每堂課至少發言一次；成為大學講師後，我常常備課到最後一分鐘才走進教室；作為企業家，我可以控制自己內心的恐懼，冷靜地打電話給CEO，向其他公司介紹我們的業務，或者針對公司高階管理人員進行培訓。

在即興時刻控制好內心的恐懼，從不安中走出來，這背後是為扮演好不同角色而付出的各種努力。我發現，在生活中所有需要即興發揮的時刻，我們所需的準則是一致的。這本書及其核心觀點「你需要做好準備才得以自然應對」來自我多年的經驗。為了在各種即興時刻獲得成功，無論是小提琴演奏、在大學講課，還是作為企業家向潛在客戶推銷產品，或是向家人和朋友致意，甚至是求婚的時刻，我揮灑過很多的汗水，經歷了多年不懈的努力，終於在任何即興時刻，我都能更加放鬆和自信。

生活中大多數的言談都屬於「即興交流溝通」的範疇，包括幫助我們走向成功、達成彼此溝通、進行薪資談判或者和同事、朋友建立關係等所有場合用得到的所有語言。我知道這些交流溝通對我來說有多麼重要，我也確信本書將帶給讀者同樣的感受。這本書將為讀者帶來信心和技能，最終幫助讀者成為一名卓越的即興發言人，同時推動讀者不斷向著自己的職業目標及人生願景前進。而「臨時抱佛腳」或「跟著感覺走」會讓我們錯失這些關鍵時刻。

本書將從更寬廣的視角來說明，訓練和準備是實現成功的即興表達乃至成功人生的祕密。

引言

當場發言是必要的，不管是致詞、法庭申辯，還是參加私人聚會……那些受人尊重、能夠即興演講的人，彷彿擁有神祇的智慧。

——阿爾西達馬斯[1]，公元前四世紀

二〇一七年，在盛大的奧斯卡頒獎典禮上，電影製作人喬丹．霍羅威茨（Jordan Horowitz）為觀眾呈現了一次卓越的表演，堪稱即興發言的典範。他製作的《樂來越愛你》（*La La Land*）榮獲最佳影片獎，當時他剛剛接過獎座，忽然舞台上出現了一陣騷亂，普華永道[2]（PricewaterhouseCoopers，PwC，負責計票與保管得獎者信封的國際會計審計顧問公司）的人告訴他，真正獲獎的電影應該是《月光下的藍色男孩》（*Moonlight*）。遇到這種情況，換了別人大概會不知所措、一時語塞或氣急敗壞，但霍羅威茨接過麥克風，坦然宣布：

「我們發現了一個錯誤，《月光下的藍色男孩》劇組，是你們獲得了最佳影片獎。這可不是什麼玩笑話！」然後，他舉起手中的奧斯卡小金人說：「現在我要非常驕傲地把這個獎座，交給來自《月光下的藍色男孩》的朋友們！」[3]

霍羅威茨的發言簡短，卻精采十足，受到了媒體廣泛的好評。媒體紛紛讚揚他在宣布真正獲獎者以及在交接獎座時表現出的慷慨和大氣。後來他解釋說：「這不是關於我如何，重要的是應當確保《月光下的藍色男孩》獲得本該屬於它的讚譽。」[4]

我希望，讀者在讀完本書後也會有能力應對即興時刻，也能夠像喬丹·霍羅威茨那樣富有表現力。

「但是，」你可能會問，「即興演講難道不是人們不經思考就脫口而出的嗎？」

「即興」（impromptu）這個詞的本意就是「即時、當下說的話」啊！婚禮敬酒在友好的一瞬間即可完成；求職面試需要臨場發揮，直到坐在會場上腦子裡才有了一些看法和見解。

的確，這是每個人在這些時刻都有的自然反應。但據我們所知，如果跟著感覺走來「即興」發揮的話，結果往往不如人意。在這方面，沒有人比英國石油公司（BP）的CEO托尼·海沃德（Tony Hayward）感覺更深刻了。大家一定還記得墨西哥灣的石油鑽井平台爆炸事件，事後托尼·海沃德曾和記者說「希望回到過去的時光」。他的話讓全世界譁然，那次爆炸奪去了十一個人的生命，托尼．海沃德的言論遭到媒體的猛烈抨擊，大家認為他的話令人作嘔。為此，他也付出了代價，不得不從令人矚目的高階職位離任。[5]

仔細觀察就會發現，一些高調的領導者會在即興時刻跟著感覺走，結果讓自己悔恨終生；一些管理人員在會議上被點名發言時語無倫次，就像舌頭打了結一樣；另一些管理者一開講就滔滔不絕、沒完沒了，最後連自己都忘記想要說些什麼；還有一些領導者在回答問題時沒有主題、東拉西扯，到最後才拚命地解釋說「我的意思是……」。在開視訊會議時，不少人總是懷疑剛剛自己發言時，其他參加會議的人沒有在聽，後悔自己的評論應該更精明、更機智一些。在公司走廊遇到同事時，不少人在簡單、機械式地說完「你好」之後，才意識到還可以進行更有意義的溝通。在電梯遇到公司高階主管時，哪個經理不是只會低頭看地板，不敢說話也不知道該說什麼，事後又扼腕頓足地後悔自己白白錯失良機？在會議上，哪個沒發言的人不是感覺自己在思考中迷失？

這樣的表現還有很多，不勝枚舉。我們很多人都認為即興演講要「跟著感覺走」。這也解釋了，為什麼我們的走廊寒暄或茶水間打招呼，是如此枯燥無味、會議上的意見和建議，是如此平淡無奇，而當老闆要求我們概述整體情況，我們忙著從本來要講三十分鐘的PPT中精簡核心訊息的時候，卻表現得如此笨拙。跟著感覺走讓我們的電話溝通脫離主題，也使我們在回答問題時不連貫、錯誤百出。簡而言之，對「即興」的誤解讓我們的日常談話缺乏領導力，使我們的相互溝通無法鼓舞聽眾、振奮人心。

即興演講是一種少數人掌握的藝術。然而，對於領導者來說卻是一項重要的技能，這裡的領導者絕不僅指那些掛著頂級頭銜的高階管理人員，還包括那些希望自己待人接物周到、言談有說服力的各層級領導者。善用即興演講使我們有能力在日常情境中增加影響力、激勵別人。

你能從本書中學到什麼

本書的目的是讓每一位讀者在即興演講時擁有更好的表現，其中的祕訣並不像讀者想像得那樣複雜，簡而言之，祕密在於準備！也就是說你必須做好「自然應對」的準備，這聽起來似乎自相矛盾。不過，對任何希望影響他人的人來說，「當下領導」是目標，而「準備好自然應對」則是達成這一目標的手段。

每個人都是一個或多個領域的專家，如果遇到自己擅長的話題，我們都可以無休無止地談論下去。但是要想談得有意義、鼓舞人心、傳達領導力，則需要不斷練習。在某些情況下，你只有很短的時間整理自己的想法；而在另一些情況下，可以在即興發言之前就開始準備工作。

以下為讀者列舉了一些需要做好一定準備和事先充分思考的情況。

- 決定要在會議上發言，並在幾秒鐘內收集想法。
- 參加晚宴的時候，你收到自己獲獎的通知（你事先知道），而且還聽說你將被邀請發表獲獎詞（你事先不知道），你在餐巾紙背面簡要記下了一些想法。
- 參加社交活動，你事先知道可能會見到未來的雇主，於是明智地潤色了一下自己的「電梯遊說」稿。
- 獲悉自己只有五分鐘時間要說明三十分鐘才能講完的報告，你很快重新草擬了講稿，決定只介紹重點。
- 在短時間內要進行員工訓練，你事先整理了一下想法，這樣你就可以傳達給員工一些關鍵的訊息。
- 準備即將開始的問答時間，你事先考慮可能的問題並準備答案。
- 和大老闆一起搭電梯，你知道該說什麼，因為你一直在想著自己多麼喜歡他最近的一次發言。

- 根據自己事先寫好的筆記，向離職員工表達謝意。
- 在求職面試中，力證自己有能力勝任申請的職位，因為你已經準備好說辭。

你在上述情境中都不能照著稿子唸，而需要在當下選擇、組織語言，但你必須事先做一些準備工作。實際上，準備即興演講和準備正式談話一樣，都需要練習。

掌控即興情境，需要端正心態、了解素材、明確核心訊息、搭建合理的結構、使用清晰的語言及採用吸引觀眾的方式、方法，而所有這些都需要事先準備。實際上「即興」（**impromptu**）這個詞起源於拉丁文（**in promptu**），原始含義是「準備就緒」（**in readiness**）。[6]本書將為讀者呈現如何為所有的即興情況做好準備。

與過去相比，掌握即興演講這門藝術在快節奏的現代社會更為重要。幾十年前，你可能花幾個星期甚至幾個月，專為一個策略規劃會議的致詞做準備。而現在，這樣的計畫性活動往往被視訊會議所取代，甚至有時候一些會議在幾分鐘內就安排完畢，根本沒有時間準備。在過去，高階管理人員和政府機構領導人談話都是照著稿子讀，而現在，這樣特意安排的相互溝通往往被問答時間或新聞記者會取代。隨著社群媒體的出現，即興演講的內容可以迅速傳播至偏遠地區的觀眾。

時代已經發生巨變，即興發言的風險也日益增加。即興言論可以激勵和凝聚觀眾，也可以造成嚴重的後果：使員工灰心喪氣或是使選民惱羞成怒。現在比以往任何時候都需要在即興舞台上帶入領導力。

本書將幫助讀者，讓每位讀者都有能力「即時」傳達領導力，以自然的方式即興演講，並且即興演講的內容經得起推敲，能讓聽者深受激勵和鼓舞。

著名的即興演講家是後天打造的

歷史為我們提供了很多例證，有許多偉大的即興演講家也曾像我們一樣面臨即興演講的挑戰，但他們發現了戰勝困難的方法，最終成為揮灑自如的演講家。

第一個故事可追溯到公元七世紀的英國古籍裡，故事講述了一個名叫卡德蒙（Caedmon）的卑微牧童，他被邀請在宴會上說話。按照當時的風俗習慣，人們依次傳遞豎琴，接到豎琴的人要為大家講個故事。卡德蒙看到豎琴遞過來，竟然驚慌失措。為躲避當眾說話，他慌不擇路地逃離宴會廳。那天晚上他做了一個夢，第二天，他再回到宴會廳，竟奇蹟般地為大家創作了一首歌曲，所有人都認為他受到了上天的啟發。[7]

亞伯拉罕．林肯（Abraham Lincoln）深諳即興發表意見的重要性，他曾對年輕的律師說：「應該多多練習即興演講，培養自己在這方面的能力。即興演講是律師獲得大眾理解之道。」[8]林肯透過孜孜不倦的練習，成了一名出色的即興演講家。他即興演講的非凡能力在他與道格拉斯的辯論中可見一斑。[9]

溫斯頓．邱吉爾（Winston Churchill）是有史以來著名的演講家之一，他早年曾不斷磨煉自己的即興演講技巧。在職業生涯初期，他有一個在英國議會發表自己觀點的機會。當他站在那裡時，他竟然感覺大腦忽然一片空白，什麼也想不起來。按照當時人們的記錄，「邱吉爾默默地站在那裡直到他自己無法忍受，他回到了自己的座位上，把頭埋在手裡。這次的失利讓他比以往任何時候都害怕站起來說話」。[10]後來，邱吉爾透過努力練習，成為一名雄辯的演講家。

小馬丁．路德．金（Martin Luther King, Jr.）是另一位透過不斷練習成為即興演講家的卓越領導者。作為傳教士，每次演講前他都會詳細準備，但在正式演講時，他不會照著準備好的文稿或筆記讀。這樣的練習使他「甚至可以在很短的時間內重新安排思緒和選擇演講內容」。[11]這種準備素材的能力造就了他《我有一個夢想》（*I have a dream*）的成功演講。儘管他在前一天晚上精心準備演講內容，但作為演講核心和靈魂的「我有一個夢想」卻是他演說時的即興創作。他的演講讓在場的人深受觸動，這反映了他駕馭即興時刻的非凡能力。[12]

一些當今備受尊敬的商界領袖曾經因演講而焦慮，但最終克服了膽怯，成為出色的即興演講者。維珍集團（Virgin Group）的理查．布蘭森（Richard Branson）曾公開談論自己早年關於演講的精神創傷[13]以及後來如何運用非正式電話交談提升即興技巧。[14]美國電動汽車公司特斯拉（Tesla）的CEO伊隆．馬斯克（Elon Musk）坦承，他曾認為公開演講令人恐懼，但現在對他來說最舒適的演講方式卻是脫稿演講。[15]華倫．巴菲特（Warren Buffett）說自己「害怕公開演講」[16]，但現在他卻能在即興情境中，特別是在他的股東大會上侃侃而談。他透過現場直播，讓整個世界都能看到他在股東大會上花幾個小時回答大家的各種問題。[17]

當今的領導者有大量即興演講的機會，無論是建立企業、領導一個組織、表達政治理念，還是激勵身邊的同事，發展即興技能都至關重要。

本書的力量

本書聚焦當今時代需要的溝通方式，關注每天、每時、每刻影響及鼓舞他人的機會。本書為領導者而準備，而這裡指的領導者不只是那些在組織中任職的高階主管，還包括想要在任何層面、任何職位及在工作場所內外影響他人的任何人。

本書為讀者提供了一個簡單的方法，並且這種方法適用於所有情況，無論是在會議中發表意見、在公司走廊回答同事問題，還是社交聊天時或在午餐會上說幾句話，所有這些都是你展現影響力的平台。引導談話、使談話聚焦解決方案或接受新想法的能力，會讓你成為領導者。我認為，這本書將激勵那些還在進行正式演講和使用PPT簡報資料的人，使他們將目光轉向即興演講。

本書提供了即興表達的方法，共分為五個部分。

第一部，即興新時代，將和讀者共同探討：為什麼即興演講已成為商業生活中的主流。這部分將討論組織大變革，以及由上而下的組織結構如何被扁平組織結構取代。在扁平組織結構中，每個人都有可能成為領導者（在其他情況下則是追隨者）。這種領導力的民主化趨勢以及從「大舞台」向「小舞台」的轉變，為那些擅長即興演講的人創造了很多機會。

第二部，即興思維，將和讀者探討成為一名優秀的即興領導者所需要的心理準備。即興思維包括：具有領導意願，善於傾聽，保持真實、專注及尊重。如果你想升遷或者觸及某個員工的內心，這些價值觀和態度是絕對必要的。

第三部，領導者談話腳本，將向讀者說明如何組織思緒。首先需要儲備的是相關資料和關鍵訊息；接下來還要了解聽眾；之後就可以準備製作演講腳本。這部分還向讀者介紹即興演講腳本範本，其關鍵內容包括收集、重點、結構和呼籲行動。

第四部，各種場合的即興演講腳本，為讀者提供腳本範本，讀者可以在相應場合使用這些腳本，包括會議、求職面試、社交活動、電梯談話、小型演講、致敬詞、祝酒等即興演講或互動場合。

第五部，即興舞台，向讀者呈現如何排練即興演講，這包括如何仔細選詞、如何保持在當下、如何採用即興演員的技巧與觀眾友好互動。在這部分，讀者還將學到如何運用聲音和肢體動作來吸引觀眾。

本書將使讀者有能力在所有即興時刻都像自信的領導者一樣說話，這樣讀者就可以在每次發言時帶領和激勵他人。

網球明星羅傑・費德勒（Roger Federer）精采的語言為讀者提供了即興演講的最佳範

例，他讓我們感受到原來即興演講可以如此打動人心和令人振奮。二〇一七年，費德勒贏得第八屆溫網冠軍，他對記者說：「比賽是神奇的，到現在我還不敢相信這個結果。我想，正是必勝的信念讓我達到了今天的高度。」然後他又解釋說：「根據去年賽季的成績，很難說我能不能進入最後的決賽，而且在二〇一四年和二〇一五年，我曾跟諾瓦克・喬科維奇對決的很艱苦。但一直以來，我有個信念，我相信自己可以回來打決賽。如果你也相信自己，那麼你也可以在生命中創造奇蹟、走得更遠。我想我就是這麼做的，我很高興我一直相信自己、相信夢想，是信念讓我站在了今天的領獎台上。」

本書將幫助你找到自我表達的最佳方式，帶領你達到令人鼓舞的高度。你不必非要成為網球明星或CEO，也許你只是一名普通的經理人、一位組長或一名實習生。無論你的角色如何，每一天、每一次和別人談話，你都可以透過本書介紹的技巧帶領、啟發、激勵他人。

第1部

即興新時代

我夢想有一天，這個國家會站立起來，真正實現其信條的真諦：「我們認為這些真理是不言而喻的；人人生而平等。」

——小馬丁・路德・金

第一章
即興表達的興起

過去的半個世紀以來，領導者在組織中的溝通方式發生了顯著變化。領導力不僅表現在「C層高階主管」（英文字母C代表chief，首要之意。）站在主席台後，字斟句酌、一字一句地唸出事先準備好的發言稿，還表現在每個層級的員工都可以即時發表意見和建議，隨時展現自己的影響力。這些變革為什麼會發生以及是如何發生的，正是本書的內容。

正式演講過去的輝煌歲月

在二十世紀八〇年代，我進入商界，那時候幾乎每個組織的CEO和高階管理人員，都經常發表正式演講，而鮮有機會即興發表意見。此外，經理人以及低職等的管理人員鮮少有發言的機會，因為當時的組織文化不鼓勵大家多交流溝通。我記得當公司宣傳部門要推出課程來指導經理人如何增進溝通時，一群工程師聽到這個消息後，其中的一位資深工程師竟然寫了一封電子郵件詢問，「我們怎樣做才能讓這個課程夭折呢？」

我的第一份工作是為高階主管起草演講稿，剛剛進入這個產業的感覺就像加入了某個「祕密幫會」。工作第一天，老闆認真地看著我說：「我要把你打造成一位出色的演講稿撰稿人。」我當時還在試用期，而他這位經驗豐富的大師竟然要把祕訣傳授給我。很快他把我派到紐約，和一名曾經為納爾遜・洛克菲勒（Nelson Rockefeller，一九〇八至一九七九年，美國商人、政治家，曾任美國副總統）起草過演講稿的佼佼者一同參加培訓。我逐漸領悟到，準備一個重要談話需要經過若干複雜程序，常常要幾個星期甚至幾個月才能完成。我學會了做計畫、研究、寫大綱、討論、草擬、改寫以及將草稿編寫為三十分鐘的講稿。一般來說，CEO對準備的整個過程會非常重視，他們往往會參與大部分過程。演講稿的撰寫過程非常複雜，老闆曾經告訴我，如果我們的高階主管客戶沒有留三個月的時間給我們做準備，我們可以拒絕撰稿。注意，是三個月啊！

那時候，演講稿撰稿人和高階主管之間的合作非常密切。一旦某位CEO退休，他很可能會把自己的撰稿人介紹給同業的朋友或同事。我合作過的一位CEO退休的時候，也曾把我推薦給業內另一位高階主管。雖然我最終沒有接受那份工作，但是自己的工作被認同，我還是感到非常驕傲的。

我發現撰稿人這份工作令我非常興奮，我還透過與IABC（International Association for Business Communicators，國際商務交流協會）的聯繫定期在美國和加拿大的各大城市舉辦演講課程。那些年正是正式演講的鼎盛期，我為期一天的「演講稿撰寫藝術」課程一旦開始預定，很快就被搶購一空。

一九八八年，我成立了自己的資訊傳媒公司——韓福瑞集團。當時市場上對正式發言稿的需求依然很大，因而撰寫演講稿以及培訓高階主管如何發言是公司的主營業務。為了滿足市場需求，我和我丈夫（他是一名大學教授）經常夜以繼日地寫稿，這樣才能勉強按時滿足客戶需求。

二十世紀九〇年代是一個轉折點，市場出現了一些非常奇怪的現象：對正式演講稿的需求驟然下降，而要求韓福瑞集團提供即興發言幫助的客戶數量飆升。我還清楚地記得當時和一位客戶的談話，他是某家公司的CFO（首席財務官），那天他剛剛做完公司季度業績分析報告。「你的講稿呢？」我疑惑地問他，他看了看我，指了指自己的太陽穴。那一刻，我認定他是一位演講天才，他竟然可以不用講稿侃侃而談。而這種說話方式正是當時領導力溝通的發展趨勢。領導力溝通方式正在從準備充分的正式演講，逐漸演變為脫稿的即興演講。

還記得二十世紀九〇年代初，我輔導一位來自一家大型公用事業公司的高階工程負責人演講。當然他後來的演講風格發生了很大變化，並最終放棄了講稿。而在當時的輔導過程中，我發現他精心準備了講稿，還用黃色記號筆強調一些字句。他的講稿中有很多關於冶金工程的細節，包括數字、資訊、技術資料、專業術語等。他開始試講的時候，我感覺他在一字一句地唸稿子，似乎那份厚重的講稿快把他拖垮了。他的演講內容平鋪直敘、語調沒有一點點抑揚頓挫、說話節奏缺乏變化、臉部表情生硬，整個發言過程索然無味，他似乎要被這些冗詞、廢話「活埋」了。

我播放了他的演講錄影，我們倆都認為這個演講稿太糟糕了。我們一起修改了內容，修改了冗長而繁瑣的句子，還特別標注出一些關鍵點，提醒他在演講中要加入一些訊息和重點。

後來他的演講風格發生了很大變化。現在他演講的時候，抬頭挺胸而不再低頭看稿；他是在說、在講而不是在唸；他用生動案例論述每個重點。現在聽他演講，你會感覺他終於能遊刃有餘地表達了。我認為，這恰恰是非正式演講應有的樣子。

不管由於什麼原因，正式演講大勢已去。韓福瑞集團CEO巴特·埃格納爾（Bart Egnal，我的繼任者）曾說，「在過去的十五年裡，我和公司一同見證市場趨勢：正式演講不斷減少，而即興演講不斷增加。正式的、過度修飾的『演講表演』已遭淘汰，唸稿式的溝通方式正在退出舞台，取而代之的是雙向對話。觀眾渴望的是真實的溝通。那些注意到這一變化的領導者，那些積極發展即興技能並運用平常時刻施展影響力的領導者，他們正在贏得人心。」

現在，越來越多的領導者由於時間緊迫、渴望真誠對話，正在拋棄演講稿。Space X的CEO伊隆・馬斯克聘請了德克斯・托克—巴頓（Dex Torricke-Barton）為他工作，而後者曾經是臉書創辦人馬克・祖克柏（Mark Zuckerberg）的演講撰稿人。但伊隆很快就在推特中說，「德克斯會負責宣傳工作，我只想與觀眾對話，我沒有時間排練，也不想照稿子唸。」一位粉絲隨即發推特回覆，「那正是我們喜歡你的原因，伊隆！我喜歡你帶有個人色彩的即興演講。」另一位粉絲也評論，「我百分之百同意，不要改變你說話的方式。」[1]

從演講要打草稿到脫稿自然演講、從大舞台到小舞台，領導力溝通的巨大變化代表了即興演講新時代的到來。

即興演講興起的三個原因

即興演講興起（以及正式演講減少）反映的是彼此密切相關的「三個變化」，而這「三個變化」已經改變了我們的世界。

首先，是組織扁平化

大小企業、各級政府、慈善機構甚至是志願者協會，所有組織機構與二十年（甚至十年）前相比都大相逕庭，現在的組織頂端設置有管理者，但從縱向來看層級明顯減少，而頂底之間的障礙也越來越少，知識和決策制定過程趨向分散。

組織機構在二十世紀九〇年代開始出現的這些變化其實由來已久。麻省理工學院管理和組織研究教授黛博拉．安科娜（Deborah Ancona）以編年體方式記述了組織機構從二十世紀二〇年代「超級官僚」開始到現在的發展變化。幾十年間組織機構一直在發展，但變化微乎其微，直到最近幾年這種變化才加速，出現了現在我們所看到的「生態領導」、「協作領導」或「分布式領導」等工作模式。[2]

正如安科娜和亨里克・布雷斯曼（Henrik Bresman）在他們的書《X團隊》（*X-Teams*，中文書名暫譯）所述，「從命令—控制型領導力到分布式領導力的轉變，需要在組織內部進行更多的對話和協調。」[3]這是因為「核心知識和資訊曾經以垂直方式由上而下流動，而現在不僅上下雙向流動，還跨部門和機構橫向流動。」[4]如今每個人都可以提出自己的想法，都可以激勵周圍的追隨者。溝通不再是高階管理人員的責任，組織各個層級都需要領導力，即使是初階分析師也必須有能力向「C層高階主管」或投資組合經理清楚地表達想法，所有人都身在其中！「領導者」不再是一個稱號，領導力展現在個人對組織內部上下及周圍同事的啟發、激勵和鼓舞中。

比起之前那些位於組織頂端的管理人員，當今的領導者面臨更多挑戰，他們必須更加開放、更加真實，並採取非正式方式與員工溝通交流。這樣的溝通方式需要傾聽、建立共識、在會議上彼此合作、一對一接觸以及在停車場或電梯間溝通。領導力是基於每日實際情況，在某個情境下，個人感覺需要當下領導、自然地發表意見、分享想法或願景。這就是二十一世紀組織內部的領導力。

其次，是科技的發展

科技的發展加快了組織從傳統由上而下的領導模式轉變為分布式領導模式。過去很長一段時間以來，知識只掌握在組織內部最頂層的少數人手中。例如在十九世紀以及二十世紀初，只有CEO和他業內的社交圈（總是男人）能夠看到會計師和記帳員的各種報告。而這種排他性並沒有隨著電腦在二十世紀五〇年代的出現而結束，到了五〇年代依然只有相對較少的人可以獲得資訊。

但是到二十世紀九〇年代，隨著全球資訊網和低成本網路電腦的興起，少數人專享知識的局面終於被打破。幾乎在一夜之間，每個想要獲取知識的人都可以獲得大量資訊。《破繭而出》（*The Cluetrain Manifesto*）的作者認為，互聯網大大改變了組織結構，將過去基於層級的組織結構轉變為基於分散知識的組織結構，「在舊經濟體中能發揮作用的組織結構圖是：處於金字塔頂端的高層了解計畫制定過程，詳細的工作指令則由上至下傳遞。而現在，組織結構圖是超連結的，不再分層級；同時，比起抽象知識，人們更尊重實用知識。」[5]

隨著技術的發展，每個人都可以與其他人聯繫，電子郵件、簡訊、部落格、推特和視訊會議等技術手段，為每個人提供了不分層級的溝通管道。現在甚至連CEO也使用臉書與員工保持聯繫。正如全球ＩＴ服務公司Pythian的ＣＥＯ保羅．瓦里（Paul Vallée）所說，「我每天在臉書上發布四五次訊息，而幾乎每次我都發布『關於挖掘他人潛力』的內容。Pythian在全球一百五十五個城市都有自己的員工，臉書讓我能和這些員工保持聯繫，並和我支持的其他團隊進行實際溝通。」

科技創造了一個全新的交流溝通環境。北美松下醫療集團（Panasonic Healthcare Corp.）銷售副總裁默里．威格摩爾（Murray Wigmore）認為，「科技可以更快速地啟動人們之間的溝通，並將其轉化為全球對話。」他曾和我說：「我從事醫療產業，假如我們同業的人說，『嘿，我們有個客戶正在開發新產品』，這個消息會透過互聯網傳到世界各地，接著來自世界某個地方的某人可能會打來電話聊聊這件事。然後可能會開始一次電視或電話會議，人們用電話溝通取代了ＰＰＴ簡報、用語言取代了圖片播放，最後引發了即興溝通。」科技改變了我們在組織中的溝通方式。

這就是科技和即興之間的連結，人們用更簡短、更自然、更真實的方式進行溝通，使得即興演講越來越普遍。同樣，科技發展使得組織中的每個人都有機會更熟悉其他同事，例如一位經理在電梯裡見到公司ＣＥＯ，她可能會問「你的演講準備得怎麼樣了」，或者一個銷售主管簽到一位新客戶，他可能在電梯裡和其他同事分享這個好消息。

科技以及科技帶來的員工賦權增能（Empowerment）也創造了以團隊為基礎的組織結構。Google執行長黛安．格林（Diane Greene）曾說，高階管理人員「時常透過電子郵件、談話、會議、協調等方式實際溝通」。[6]這也意味著「大家都清楚自己在做什麼、為什麼要做以及努力的目標是什麼」，而這種合作是在公司各個層級展開的。正如紐約Media Connect媒體關係公司總經理大衛．哈恩（David Hahn）所說，「每個人都在某個團隊中工作，大家對本部門以及公司各部門的同事比之前有了更多的了解，一個CEO可能既屬於某個球隊也屬於公司策略會議成員，機構扁平化意味著更加熟悉、更多非正式交流溝通以及更多的即興時刻。」

《華爾街日報》（*Wall Street Journal*）的小湯馬斯．派辛格（Thomas Petzinger，Jr.）在為《破繭而出》一書所寫的序言中提到，「這本書向讀者展現了溝通如何構成商業的基礎，商業如何一度失去了人們之間的溝通，以及由於技術的發展、激發並強烈要求人們發自內心地說話，於是溝通又如何回到商業。」[7]

最後，是時空觀的改變

即興演講出現的第三個因素是人們對時間和空間的重新認識。由於世界已經互聯，時區的堅冰已經消融，人們生活在一個「7×24」的世界。每個公司無論在哪裡，都會受到全球金融市場波動或世界新聞報導帶來的影響。

訊息的流動曾經像一條涓涓細流，而現在已經匯流成名副其實的尼加拉瀑布。每天，電子郵件、簡訊、新聞報導、影片以及社群媒體貼文等，滾滾而來。研究顯示，工作者每週有二十八小時用於寫郵件、閱讀郵件或回覆郵件；另外，平均每人每天看一百五十次智慧型手機。[8]如此一來，留給冗長的正式活動時間大大減少，傳統的溝通形式（演講、報告會議等）被簡短便捷的即興交流溝通所取代。事實上，即興演講已成為領導者的日常做法，這反映了當今領導者所做的一切都被分解、碎片化為細小的活動。

大衛．哈恩經常與傳媒團隊的成員密聊，他們的聊天往往持續三至五分鐘。他發現這樣的工作方式比定期會議更有效率，即興密聊讓他和團隊成員有機會在簡短對話中互相了解並推動計畫進度。羅利．考恩（Rory Cowan）是萊博智科技公司（Lionbridge Technologies）的CEO，該公司位於美國麻薩諸塞州沃爾瑟姆市，擁有四千五百名員工。他說與其花費大量時間、精力進行長時間的面對面會議，還不如「多和員工接觸」，無論是面談還是透過簡訊、即時消息或影片聊天。有時候他居然會「同時打開四五個聊天視窗」。[9] 如果有員工想找老闆談話，他可以直接進入辦公室，和老闆快速、即興地交換意見，而不是預先約定時間，等待老闆召見。

加州大學（University of California）的一項研究顯示，工作碎片化現象普遍存在，這是因為員工在個人工作任務上花的時間比之前少，而且工作過程中頻繁地被別人打斷。平均而言，訪談對象在切換到另一項活動或被打斷之前只有十一分零四秒的專注時間，[10] 難怪商業領袖發現即興談話更適合當今環境。

甚至辦公室布局也促進了訊息轟炸和碎片化工作。彭博社（Boomberg Inc.）CEO麥克・彭博（Michael Boomberg）鍾情辦公場所的透明性，他的辦公桌位於彭博總部大廈五樓的一個開放空間；[11] 馬克・祖克柏的辦公室和專案團隊位於同一層，專案團隊將「像村莊一樣建設」的概念引進辦公環境設計。[12] 現在的辦公室都設計得更加開放，鼓勵同事之間互相打擾，無論結果好壞，鼓勵有問題就問，「你有時間嗎？」或者「你能回答我一個簡短的問題嗎？」新的辦公空間還包括聊天室、零食吧檯、廚房、娛樂設施以及其他鼓勵溝通的場所。正如建築師珍妮佛・梅格諾菲（Jennifer Magnolfi）所寫：「現在辦公室設計的最佳實踐來自共享空間、駭客空間、製造者空間，這些空間是圍繞著開放、共享和共同創造的核心原則而設計的。」[13]由於工作場所中所有的這些新事物，員工之間的交流溝通變得更加自發和自然。非正式的、即興的風格已成為常態。在韓福瑞集團，我們也在與客戶的合作中看到了這一點，CFO用五分鐘向分析師概述他之前需要一個小時用PPT簡報完成的報告，隨後是五十五分鐘的問答時間。因此，如讀者所見，溝通不再依靠正式演講，而採用一種談話的方式進行。

有一位我們還在合作的高階副總裁，他剛剛加入一家新公司，被邀請在隔壁的大會廳對三千名員工進行正式談話。[14]和大多數負責任的高階主管一樣，他精心寫好了演講稿。會前，CEO看到他在講台放好了自己的講稿，驚奇地問：「那是什麼？」

「我的演講稿啊！」新高階主管回答。

「哦，不用正式演講，」CEO說，「只要跟員工聊聊就行。」

幸運的是，這位新高階主管有充裕的時間，他記住了稿子上的內容。那天他作了脫稿演講。

想成功就必須學會當下領導，這個原則適用於各個層級的領導者。已經不會再有站在高台上的正式演講，現在觀眾需要的是簡單的、發自內心的、真實的溝通交流，如果發言不完全來自當下反應，至少要看起來、聽起來像是即興的。

領導者不僅採納了更多的非正式說話方式，他們在組織中也比之前與各個層級的領導者或下屬有了更多的溝通，包括縱向和橫向的溝通。他們也和客戶打交道，和公司外的其他人溝通。以下為讀者列出韓福瑞集團收到的客戶需求，這些客戶都想成為更好的領導者。

- 一位分析師想知道如何在咖啡機旁和公司CEO談話。
- 一位副總裁希望能夠「閒聊」得更好，以便能夠與客戶建立關係。
- 一位經理人想和公司CEO分享自己的想法，又不想讓上司感覺冒昧。
- 一名人力資源部的職員想在電梯間自信地和大老闆說話。
- 一位科技公司的CEO想聽取團隊的想法，而不想讓員工感覺唐突。
- 一位團隊主管在「不好開口」的溝通方面需要幫助，她的一位員工上班總是遲到，也不參加會議。
- 一名聰明的財務專家想在會議上分享自己的想法，但他一開口就沒完沒了，導致同事對他的談話失去興趣。

會議、走廊、電梯間、辦公室、電話以及其他場合的談話比較緊迫。為順利進行這類談話，領導者要了解聽眾、預想可能出現的問題或對方的疑慮，在現場，可以先在內心草擬談話腳本，然後以真誠和易於聽眾理解的方式表達出來。即使我們有時間事先準備，說話的時候也必須看起來「自然、自發」。

如今人們對領導者真實談話的需求，達到了前所未有的程度。過去那種充斥專業名詞的「企業語言」已經失效。現在的領導者需要做到實際、真實，並在所有情況下堅持這種做法。在新型組織中，每個人都是相互連結的，每個人都是開放的，人們需要一種熱情、對話式的溝通風格。

二十一世紀，即興演講為人們提供了彼此連結、激勵和引導的方式。照稿宣讀的正式演講、PPT簡報、展銷式活動以及市場宣傳等，正在被領導者及其跟隨者之間的日常對話所取代，而這些對話將改變認知、改變感受並改變組織。

第二章

即興表達的力量

Google聯合創辦人賴利・佩吉（Larry Page）在會議休息時間朝向一位陌生人走去，然後開始攀談。這位陌生人是查爾斯・蔡斯（Charles Chase），是管理洛克希德馬丁公司核融合（Lockheed Martin's nuclear）計畫的工程師。據《紐約時報》（*New York Times*）報導，「他們聊了足足二十分鐘討論在可持續融合反應中，人類如何透過模仿太陽能製造清潔能源。之後，蔡斯先生想起來問了一下這位先生的名字。」

「我是賴利・佩吉。」這位先生回答道。得知自己一直在跟Google聯合創辦人聊天，蔡斯驚呆了。

「他沒有任何架子，」蔡斯說，「我們只是暢快地聊天。」[1]

這種自然自發、不分層級的對話對當前商界領袖們來說尚屬新事物。也就是說，現在的領導者不再隱藏於講台後，他們更願意接受採訪、參加正式會議對話、進行電梯間談話，或接受「你有一分鐘嗎？」後續的簡短溝通。與站在講台上發表一年一度的演講相比，上述對話為領導者提供了更多的成功機會。

即興演講為領導者帶來引人注目的力量，主要表現在以下幾個方面。

大量的機會

非正式對話可能發生於辦公室、電梯間、洗手間、走廊、停車場、會議室、聊天室、餐廳、咖啡廳、飛機、高爾夫球場，以及其他任何你能想像到的地方。商業領導者可能在上述任何場景中遇到公司老闆或員工。當我對客戶進行調查時，曾經問過他們「你一天大概會遇到多少個需要即興領導的時刻」，以下是他們的回答。

- 「太多了，我的確遇到了很多這樣的時刻。」
- 「在九〇%的討論中，我沒有稿子可唸。」

●「每天我大概會遇到二十至二十三個即興領導時刻。」
●「我每小時會有兩個，一天十小時，也就是說會遇到二十個即興領導時刻。」
●「無論是在工作單位、家庭還是在社區，你都是領導者。你永遠不能推卸責任。所以，我的回答是，所有時刻。」

這些回答顯示，每位領導者每天都有很多時刻可用來增加影響和激勵別人。在日常工作中，我們常常會被打斷，於是每小時會出現許多「即興時刻」。[2]而卓越的領導者不會視其為「打斷」，相反地，這些「打斷」為他們提供了接觸和激勵別人的機會。

即興時刻的頻次非常重要。一般來說，如果你只說一次，人們不一定能「理解」你的想法，因此你需要一遍又一遍重複訊息。尤其可以運用即興情境，例如走廊、電梯間、餐廳、會議室或辦公室。每次你重複的時候，要聽起來新鮮、自然，假以時日，你會得到你想要的效果。

組織內的縱向、橫向合作

自然、自發的對話把公司不同層次、不同領域的員工聚集在一起，使得大家可以分享訊息和想法。開放式的辦公室布局和科技使每個人都能與其他人保持聯繫，這就是為什麼即興交流溝通變得如此重要。即興交流溝通推倒了層級的藩籬，並在不同的專業領域間搭建了相互理解的橋梁。

不管是站在講台上演講還是發布行政公告，都屬於由上而下的溝通方式。由於缺乏與員工的互動，這種老式溝通已經不再奏效。任何知識與智慧，不管是談論核融合反應還是客戶解決方案，都存在於組織內各個層級人員的頭腦中。這種打破層級的新交流溝通方式可以讓你在組織內橫向、縱向地建立關係。

如果現在一位經理人乘電梯偶遇公司CEO，他可以問：「不知道您對昨天寄送的郵件有什麼看法？」或者「我有個想法，想和您聊聊？」這樣的對話打開了繼續交流溝通的管道，有利於這位經理人的職涯提升，更有利於公司高階主管抓住機會開誠布公地和團隊進行更多的對話。當今的工作場所處於快速變化期，具有很多的不確定性，人們渴望獲得資訊，如果缺乏透明、缺乏訊息，謠言和猜測就會在工作場所蔓延。即興對話是組織向員工提供可靠訊息的一種途徑，即興對話會讓員工感受到工作環境的舒適，同時，也有助於組織協調發展。正如《溝通》（*Talk,Inc.*，中文書名暫譯）的作者之一鮑瑞思．葛羅伊斯堡（Boris Groysberg）所說，「我認為變化（產業變化以及產品變化）的速度，比之前要快得多。因此，要與客戶、員工保持密切聯繫，這一點變得越來越重要。」[3]

即興談話可以彼此激發想法。二〇一四年，馬克．祖克柏在臉書的一次問答時間中曾說：「好點子不會無緣無故找上門來。點子來了，那是因為很長一段時間以來，你不停地談論這件事、一直在想這件事並且和很多人聊起過這件事。」[4]祖克柏「從他的高階經理人那裡吸取了靈感」，並在周圍的人之中「經常測試這些觀點」。[5]

更快、更好的決策

自然、自發的對話能使你更及時地解決問題並及時回饋。簡而言之，即興會議已成為當今組織的運行規則。加拿大羅布勞超市（Loblaws食品雜貨連鎖店，該公司擁有二千多家連鎖店）的高階副總裁伊恩．戈登（Ian Gordon）曾說，「即興領導力可以加快決策」。他在一個有數千名員工的辦公室工作，他說：「我經常四處走走，和正在工作的員工簡短互動交流，時間通常為三十秒到三十分鐘不等，而這些談話往往會幫助員工解決他們困惑的問題。」

Google的CEO桑德爾．皮蔡（Sundar Pichai）經常在辦公室旁邊的一個房間裡與員工會面，這個房間被暱稱為「桑德爾密室」。根據《*Fast Company*》雜誌的一篇文章，「有一次在桑德爾密室，專案團隊想向桑德爾介紹工作，沒想到剛剛坐定，他就開始拋出各種問題，然後闡述觀點、提出建議。在半小時內，他們的討論從一個主題轉到另一個主題。」[6]這就是即興交流溝通的力量，它可以帶來更好的決策。

優秀的經理人會鼓勵員工這樣做。一位高階主管曾透露，「談到與公司老闆會面，即興對話是推進事情發展最好的辦法。現在如果我想和老闆談一小時，幾乎就得提前八個星期安排預約。而我完全可以在公司大廳和他談話，花不了五分鐘時間，基本上就可以獲得我所需要的訊息。同樣，我經常為了和我的員工交談而逗留在辦公大廳，他們經常在我的辦公室旁邊逛，然後問我能不能抽出幾分鐘時間和他們談話。」即興對話已經成為推動業務進度的最有效方式。所以，下一次如果有員工問「你有時間嗎？」，不要說「可以等一等嗎？」，要說「當然了……什麼事？」

傳統的績效考核也趨向於做出更及時的回饋和推動人才發展。一些具有前瞻性的組織已經不再使用年度考核，取而代之的是親自指導和輔導。在此過程中，領導者給予員工簡短的回饋。

勤業眾信（Deloitte）人才和工作場所管理合夥人山下美和（Miyo Yamashita）在最近的一次談話中告訴我，「勤業眾信已經從年度業績考核和業績評比，轉向員工與其經理之間的定期面對面談話。」山下解釋說：「我們現在要求員工回答我們稱為『脈動調查』（pulse survey）的問卷，問卷中只包括五個簡短的問題，而不再要求員工每年填寫冗長的問卷和撰寫工作計畫。每季甚至每隔幾週，經理們也會填寫我們所說的績效簡述。」山下認為，「這種新方法的美妙之處，在於我們在創造常規的指導和輔導時刻。」

通用電氣公司正在創造一種更快的回饋方式，董事長兼CEO傑夫·伊梅爾特（Jeff Immelt）解釋說：「我們正在想辦法取消年度或季度的活動，同時努力使一切工作更為即時……公司不再作年度員工評估。員工現在使用叫作PD@GE的應用程式，以此從同事那裡不斷地得到深入的見解，這樣他們每天都能進步。」[7]

一種拉近關係的新方法

和以前主管在講台上談話或訓話相比，即興交流溝通大大拉近了領導者和聽眾的距離，《破繭而出》的作者解釋了這種新型溝通，「我們被拋入這個世界，但許多人卻發現自己正在探索一種前所未有、從未想到過的自由：可以放任好奇心、可以爭辯、可以表達不同觀點、可以嘲笑自己、可以將現實與願景對比、可以學習，還可以創造新藝術和新知識」。[8]

即興互動是與觀眾直接進行對話，因此它是一個強大的動態過程。傳統溝通採用獨白式，可事實上，來自觀眾的回饋能幫助領導者更加清晰、有力地傳達訊息。溫莎大學奧德特商學院（University of Windsor's Odette School of Business）前院長艾倫．康韋（Allan Conway）博士說：「我常常在走進教室前準備好三種授課方式，直到開始上課、接觸到學生的目光，我才知道自己應該怎麼講。」我的丈夫是一位大學教授，他曾提起自己的一位同事。這位老師上課時即興發揮，和學生展開真正的對話，這使他的本科班學生驚豔不已。這位老師熟知教授的課程，所以沒有事先寫好講稿，而是仔細觀察學生，看他們的眼睛和肢體語言在表達什麼，然後根據自己看到的構思講課內容。

在日常工作中，要想與聽眾保持融洽的關係，需要一種新的思維方式——把相遇看作是

「敞開心扉」的時刻，參與真正的對話而不僅限於表面的「閒聊」。對許多領導者來說，分享願景依然是大型論壇上才有的活動。因此，不要夢想忽然會有一天，公司經理人或老闆早上十點半不知為何突然找到下屬，並與其分享願景。主管們忙著商業營運、忙於技術和商業策略，因為，他們需要看到這五分鐘談話能成為與員工建立真正關係的契機。

下一次，如果在公司大廳又遇到同事，你完全可以超越「你好，最近怎麼樣？」的寒暄，去分享一些更為深入的東西：告訴同事你的想法，分享你的願景，然後徵詢他們的看法。我相信，對話的精采程度一定會超出你的想像。抓住對話機會、不要拘束地發表想法，會讓對話的雙方緊密相連。而對領導者來說，這更意味著與員工、客戶、老闆以及與之一起工作的每個人，擁有更緊密的關係。

使你真實、可信

即興對話讓你真實、可信，如果是團隊或組織的領導者，即興對話帶來的益處則更大。正是出於這個原因，知名管理顧問派屈克・藍奇歐尼（Patrick Lencioni）提出，領導者談話「不要過度修飾語言，再加上一字不差地唸稿子，使自己聽起來非常呆板。領導者需要明確說出重點，然後走入團隊中間，用自己的話來解釋、闡述這些重點。」[9]當領導者拋棄稿子演說的時候，他們的語氣會更真實，聽眾會感覺他們的話發自內心，而不是來自別人擬好的稿子。

當公司涉及如併購或裁員等影響員工的關鍵性問題時，即興對話尤為重要。正如一位高階副總裁所說：「假如員工收到從總公司發出的一則毫無人情味、事關重大的公告，他們一定會緊張不安。遇到這種情況，發布通知的更好辦法是與員工即興對話，理解每一方的顧慮，告訴員工消息的同時為大家解除疑慮，使訊息和每個人更為相關。你完全可以決定發布消息的方式。」

我個人的一些經歷也讓我感受到了即興對話的力量，幫助我與觀眾建立了信任。記得我的第一本書《像領導者一樣講話》（*Speaking as a Leader*，中文書名暫譯）出版時，我採用演講、PPT簡報、網路研討會等活動，對此書進行宣傳。到第二本書《走上舞台：女性如何在講話中脫穎而出並最終成功》（*Taking the Stage*，中文書名暫譯）需要做宣傳時，我採用了在講台上對話的方式並成功地與觀眾建立信任。和往常一樣，觀眾中的一兩百名女性和一些勇敢的男性很快參與了對話，他們還公開分享自己的擔心、目標、恐懼和希望。其中有些人甚至走上台來，在大庭廣眾之下接受我的指導。這些都讓我感覺到台上的對話與台下觀眾的對話融為一體，會場氣氛自然輕鬆，觀眾也因此打開了心扉。

最精采的語言

即興對話可以產生一些最精采的語言。當然如果你沒有準備或者你對現場缺乏敏感度，結果可能會非常失敗。相反，如果你有備而來，優雅而莊重，你的演講會令人著迷。

約翰．甘迺迪（John Kennedy）傳記的作者西奧多．索倫森（Theodore Sorensen）曾經寫道：「甘迺迪的即興發言比他照著文稿演講的效果更好。」索倫森解釋說：「在一次發言中，甘迺迪只準備幾項備忘，而且前一天晚上幾乎沒有睡覺。在演講時，他居然在簡單的一句話中將一個詞重複說了三次。聽眾笑了，甘迺迪也笑了。然後他接著說，『我打算把這次的演講譜成樂曲，能賺筆大錢』。」[10]

很多有影響力的電影台詞來自演員們的即興演出。演員沉浸於扮演的角色時常會有即興創作，台詞一出驚豔四座，不僅導演驚訝，甚至演員也會驚訝於自己的智慧。在電影《北非諜影》（*Casablanca*）中那句「孩子，就看你的了！」是亨佛萊．鮑嘉（Humphrey Bogart）在拍攝之餘教英格麗．褒曼（Ingrid Bergman）打撲克牌的時候說的，後來他在電影拍攝中脫口而出。電影《計程車司機》（*Taxi Driver*）中，勞伯・狄尼洛（Robert De Niro）即興創作了「你在跟我說話嗎？」這句台詞。傑克・尼克遜（Jack Nicholson）在《軍官與魔鬼》（*A Few Good Men*）中創作了「你承受不了真相」這句台詞，和原來電影台詞中的「你已經擁有真相」相比，更令人深刻。電影《穿著Prada的惡魔》（*The Devil Wears Prada*）中，梅莉・史翠普（Meryl Streep）沉浸在她的角色——時尚編輯米蘭達・普瑞斯特利（Miranda Priestly）之中，創作了令人難忘的台詞，「別傻了，安德烈，大家都想要這一切。大家都想成為我們這樣的。」[11]

大家都覺得自己最具領導力的時刻是即興時刻，可能是一次會議上詼諧反駁他人時，或者是唇槍舌劍、反敗為勝後贏得同事肯定時，亦或是面對團隊或家人帶來的驚喜後發表精采致謝詞時。我有過這樣的經歷，我丈夫曾經為慶祝我的生日舉辦了一場驚喜派對。記得當時大約有六十位客人參加了這次以墨西哥為主題的派對。我感動於丈夫的用心以及這麼多朋友帶來的驚喜，所以在我的即興談話中，我感謝了我的丈夫、同事和朋友。這次演講到目前為止依然是我最好的演講之一。如果我事先知道這次聚會，是否可以提前準備一下而講得更好？答案是不可能，因為這就是即興演講的力量，身臨其境會激發你創造出最精采的語言，而其中的祕訣在於進入你正在扮演的角色，並與你正在交流溝通的人保持連結。

使你魅力超凡

即興談話令人矚目的一點是它會讓你魅力十足。在《心理科學》（*Psychological Science*）期刊上發表的研究文章認為，在應對問題或陳述觀點時毫不猶豫的人最具有魅力。研究人員說：「當我們觀察有魅力的領導者、音樂家或其他公眾人物時，發現他們最凸顯的一點是行動敏捷。」[12]這種毫不猶豫作出反應的能力非常具有吸引力。正如茱莉・貝克（Julie Beck）在《大西洋》（*The Atlantic*）雜誌中寫的：「妙語如珠式的回答令人興奮，當這樣的談話發生在你和另一個人之間，不管是約會、商務會議，還是非正式聚會，你都很有可能被那個人吸引。」[13]

即興談話確實需要思維速度。如果你不停地說，或者拖泥帶水地介紹你的想法，沒有人會願意聽。在即興講台上，人們希望你開門見山、直截了當，說明為什麼你相信自己的說法。這種魅力不光來自快速的思考，也來自是否能夠與他人成功互動。正如爵士樂音樂家、哥倫比亞大學（Columbia University）教授斯蒂芬・T・阿斯瑪（Stephen T. Asma）所寫：「即興創作成功的關鍵是要擺脫自我（Self）的羈絆。通常，內在的自我想要操縱一切，但優秀的即興表演者會削弱內在自我的影響，減少其監督，讓具身認知系統（embodied system）行動、彈奏、回應。用最近認知科學的術語來說，就是即興表演減少了大腦『執行控制』的功能，而允許聯想心智來控制。」[14]

如果在公司大廳遇到某人，你能抓住他的注意力，能快速提出見解、傾聽、回應，然後繼續做自己的事，那麼你就是人們所期待具有魅力的領導者。這也是你作為領導者每天可以展現的東西。

即興談話對我們所有人來說都有著巨大的力量。世界變得越來越快、越來越複雜，領導者必須運用每一個即興機會來吸引和啟發他們的同事、團隊、管理層、客戶、朋友和家人。即興談話讓我們擺脫了以傳統層級為基礎的組織結構，促進更好、更快、更協調的決策過程，並允許我們與那些我們關心的人以及我們決定要帶領的人，分享想法和感受。

第2部

即興思維

不要問你們的國家能為你們做些什麼，而要問你們能為國家做些什麼。

——約翰・甘迺迪

第三章

把自己當成領導者

即興演講關係到語言、腳本及表演。不過，在選擇語言或打草稿之前，還需要有正確的思維模式。這就是本書第二部分要講的內容。正確的思維模式包括領導意識、傾聽、真實、專注和尊重。保持正確的思維方式，之後要做的事情自然會按部就班、水到渠成。

成功的管理人員或經理人，會將每一次與他人的相遇視為潛在的領導力時刻。在即興交流溝通興起的世界，領導力在任何時刻、任何情況、公司任何層級都可能出現，而且任何人都有可能成為領導者。與員工、同事、管理人員、客戶、供應商或業務夥伴的每一次相遇，都潛藏著一次增加影響、激勵或推動他人採取行動的領導力時刻。

關鍵是你要有做領導者的意願，也就是一種想要感染他人的慾望：不管是幫助他人形成自己的想法、影響他人行為，還是在人際層面與他們連結並使其感受到工作場所或生活的美好。把握這些機會意味著你在挖掘自己的領導力，你在把轉瞬即逝的機會變為永恆，使這些機會對他人產生影響。如果大多數員工認為工作「沒有參與感」、與工作場所「脫離」，或與工作場所沒有「情感連結」，那麼這就提醒你需要持續地與各個層級的員工保持接觸。[1]

史蒂夫·賈伯斯對做領導者有超強的意願。[2]「意願」（intention）和「強度」（intensity）本是同根詞。期待做領導者的意願因人而異，屬於人類遺傳基因的一部分，沒有辦法靠後天自己控制「開關」閉合。真正的領導者會在任何情形下把每次互動都當作領導力時刻。你也許為這樣的領導力時刻著迷，但其他人可能並沒有這樣的感覺。

保羅·瓦里告訴我說，在公司走廊裡，他看到了很多領導力機會，「某次在大廳遇到一位客戶，而我正好也有些時間，可以走過去和他聊聊天，讓他感覺和我們合作會非常愉快。也許那個客戶一兩個月後會回電話給我們，這就是一個領導力時刻。或者在公司走廊看到了自己的員工，那麼可以向他微笑，稱呼他的名字，也可以邀請他到辦公室問問他週末有什麼安排，只需要一點點時間就可以展現領導力。領導者的直率以及和員工的連結將使大家產生參與感。我的願景是員工擁有快樂、有參與感和有生產力」。

當領導者的意願會使你朝著目標邁進，與外部客戶、員工、同事和內部客戶積極建立關係，但這並不是說無論在走廊看見誰都要說話，無論乘電梯遇到哪位主管都一一溝通。正如我公司的CEO巴特．埃格納爾所說：「很多領導者對即興時刻有誤解，雖然每一次互動都是一個潛在的領導力時刻，但這並不是說每一次互動都應該成為領導力時刻。事實不是這樣的，領導力時刻需要選擇。」

睿智的領導者知道什麼時候應當抓住領導力時刻，以下為讀者列出了確定最佳領導力時刻的方法。

選擇合適的時間和地點

選擇合適的時間。首先，在分享自己的想法時不能太早，但也不能讓人等太久。雅虎CEO瑪麗莎．梅爾（Marissa Mayer）就有一個「槍還沒響就搶跑」的例子。二〇一六年一月，那時在雅虎公司內已經有一些關於裁員的謠言，她卻在公司全體會議中幽默地說「本週不會裁員」。[3]一個月後，公司宣布裁員一千五百人。顯然她選擇了錯誤的時機和大家談論敏感話題（再幽默也沒用），回想當時她的談話大大挫傷了公司員工的士氣。

另一方面，讓員工等待太長時間才告知公司計畫會導致謠言橫行，帶給員工更多的困惑。派屈克・藍奇歐尼在《對手偷不走的優勢》（*The Advantages*）一書中寫道：「世界上有不少組織，雖然員工可以獲得更多的時事訊息、可以進入互動式網站以及參加他們不想參加的太多會議，但員工身在其中卻感覺處於黑暗之中，對組織的任何變化都毫不知情。」[4]讓員工知情非常重要，不管是公司決定、新的指令，還是團隊新成員的加入。

選擇適宜的地點。公共空間不適合談論敏感話題。有位經理人，在他的團隊中有一位成員經常遲到，對此他感到非常生氣。一天早上，已經九點十五分了，這位經理在大廳看到這名愛遲到的職員，他剛剛才來。這位經理冷嘲熱諷地說：「又遲到了，菲爾？」公司大廳屬於公共場所，顯然選擇公共空間談論某位員工的遲到問題非常不合適。在公共場合，彼此都無法充分討論問題，而且這種隨口而出的話只會加劇本來就很緊張的氣氛。最好的處理辦法是閉門談論。

整理思緒

傑出的即興演講者不會在說話中用「嗯」、「啊」，他們的演講從一開始就思緒清晰。二〇一五年十一月四日，年輕的賈斯汀・杜魯道（Justin Trudeau）就任加拿大總理，在就職儀式上，他表現出了很強的思緒整理能力，當媒體問及「為什麼擁有一個性別平衡的內閣會如此重要？」時，他以果斷的口吻回應：「因為這是二〇一五年。」[5]這樣的回答將他與年輕世代連結在一起，並凸顯了他對性別平等的承諾。他的這句回應被瘋狂傳播，並為他贏得了作為領導者反應快速、頭腦敏捷的美譽。

一般在政府發布重大公告後，媒體會問很多問題，因此政治家及其工作人員通常會投入大量的時間準備和演練如何回應。對於上述提到的活動，杜魯道和他的顧問團隊一定也想到會有人就新內閣性別平衡問題發問，也極有可能顧問團隊為杜魯道準備了出色的回應。而在現實中，你不一定擁有杜魯道妙語如珠式的口才，但至少在說話前應該想一想。

對於即興演講者來說，這可能是最艱鉅的挑戰，畢竟在即興時刻，你可能只有幾秒鐘時間整理思緒。面對這種情形，很多人都有一種傾向，會一股腦地把所思所想都傾瀉出來（也許叫作「訊息傾卸」更合適）。更糟糕的是，有些想法不如不說，例如，對他人的批評或是對當下正在討論話題的一些不成熟見解，都屬於需要嚴加控制的有害言論。對此，最好的解決辦法是，想好再說。

獲得觀眾充分的注意力

如果你在發表談話，員工卻不認真傾聽，那麼你就不可能展現領導力。即便你的說話內容很有分量，即便你感覺到聽眾已經注意到你要發言了，你也不能馬上就講，應當短暫等待一下，直到獲得全場的注意力。進行對話時環境不一定非要私密（例如在辦公室等封閉空間），可以在走廊、咖啡廳或會議室進行對話，關鍵是你要在獲得關注後才能開始說話。

一位人力資源專業人士告訴我，有一次，她在自助餐廳發現了一個展現領導力的機會。當時她剛剛結束公司領導力培訓課程（為期一週的培訓帶給她很多學習和成長）。在自助餐廳排隊吃飯時，她發現自己正站在贊助這項培訓計畫的高階主管旁邊。於是，她和那位主管說：「我剛剛從公司領導力訓練營回來，我覺得不管說多少都無法表達我的謝意，感謝你資助了這個計畫。」接下來在兩人之間迸發出真誠的對話和溝通，而當時的領導力時刻在她後來的職業生涯中發揮了重要作用。

會議發言也一樣，一定要等到吸引全場觀眾的注意力後再發言。獲得關注的過程比較有挑戰性，首先需要調整自己，讓自己保持在預備狀態中，當對話出現暫停，馬上抓住機會開始講話。而一旦開始說話，就一定要語氣堅定，並繼續抓住大家的注意力，例如你可以這麼說，「有些重要的事情要和大家說」。放心，觀眾會接受你的暗示，完全跟著你的思緒走。

獲得全場關注最具挑戰的情況是開視訊會議。有位客戶曾經和我分享她經歷過的一次頗為沮喪的視訊會議。那時，她在蒙特婁和遙遠的聽眾們討論計畫。一些人在拉斯維加斯，參加會議的時候正在會議室吃早餐；一些人在紐約，當時正忙著新聞發布；還有一些人在印度，還好，他們正在聽。在這樣的會議環境中，她該怎麼做才能確保每個人都在聽呢？

在這種場合，除了以響亮而清晰的聲音說話之外，還應當透過對話和與會者互動。如果你遇到上述情況，一定要對與會者直呼其名，例如「吉姆，我知道這種方法能滿足你的需要」，或者是大聲對某個團隊喊話「你們紐約的人會感謝這個提議」。還可以提出問題讓聽眾參與，例如問大家：「有多少人遇到過這個挑戰？」。這些技巧在面對面的會議中非常實用，對分處不同地方的視訊會議來說更為重要。

談話內容要有價值

每次舉手示意想發言或想張口說話時，確保自己有話可說，並且所講的值得大家關注，除此之外，發言也應符合你的身分。如果感覺沒有實質性內容可分享，最好先別說，聽聽別人怎麼說。

亞伯拉罕・林肯是近代最著名的演講家之一，全世界都知道他精雕細琢、令人難忘的蓋茲堡演講。林肯的即興談話也非常具有表現力，不過他只在感覺內容有價值的情況下才會講。在著名的蓋茲堡演講前夜，人們列隊街頭，要林肯說幾句話，他回答說：「同胞們，我出現在你們的面前，只為了感謝你們的讚美……我沒有什麼要講的話，作為總統，重要的是不說任何愚蠢的話。」[6]

對於不熟練的即興演講者來說，常聽到的抱怨是他們「喜歡自己的聲音」、「空話連篇」。我曾指導過一個人，他在同事間有「侃爺」的美譽，大家稱他「安德魯・吹牛」（Andrew Blowhard）。大家都不想讓他在會議上發言，因此故意不問他任何問題，而他一旦抓住機會便開始喋喋不休，大家馬上就會翻白眼。

領導者不會浪費別人的時間，他們說話清晰明確、充滿熱情並切中要害。任何時候，如果有人提出及時的想法、提供有說服力的案例或感染他人採取行動，那麼這個人的話就是「有價值」的。說話不一定總是從主管到員工，經理人、分析師或行政助理也可以說話，當他們有好點子並知道如何清楚地解釋給聽眾時，都可以和大家即時分享。成功只會發生在那些相信自己的想法並進一步推動的人身上。當你做出寶貴的貢獻，你會發現渴求知識的主管正熱切地看著你，等待傾聽你更多的分享。

建立關係

抓住領導力時刻會建立更加穩固的關係，不管是與同事、老闆、導師、客戶，還是與你社交圈裡的某個人。一位年輕女士告訴我說，她想與某位內部客戶建立好關係，於是她改變了每天早上走到自己辦公桌前的路線，這樣她就能路過那位客戶的辦公桌。每天她都會微笑著對那位客戶說：「早安。」起初那位客戶沒有什麼反應，但漸漸地，她的微笑得到了回應。之後，她再添加談話內容，例如「週末過得好嗎？」或者「我們哪天一起吃午飯吧？」客戶開始點頭表示同意。這些對話帶來的是更溫暖、更有效的關係。

作為領導者，建立關係還包括識別出那些需要被重視的人。一位副總裁告訴我說：「我和同事或年輕員工一起乘坐電梯時，會問『事情怎麼樣啦？在做什麼新任務？喜歡目前的工作嗎？』我想告訴他們，我對他們做的事感興趣。這是與他們建立關係也是展現領導力的機會。」

需要注意的是，不要在領導力時刻讓對話「超負荷」，韓福瑞集團CEO巴特·埃格納爾說：「如果你剛剛花了一整天的時間和團隊討論策略，那麼吃晚餐的時候就別再談論策略問題了；如果你剛剛向CEO介紹了投資方案，休息時間就饒了他，別再跟他提投資的關鍵訊息了。我們應當知道什麼時候聽眾能接收訊息，什麼時候不能。」

面對面溝通

面對面溝通遠比其他溝通方式（不管是手寫信、電子郵件還是社群媒體）更為有效。所以，如果你是領導者，盡你所能面對你的聽眾。

一家大型銀行的股權資本市場董事總經理瑪麗．維圖格（Mary Vitug）對我說：「當今商界非常重視不見面的溝通，無論電子郵件、文件還是電話。這使得面對面溝通變得更為重要，只有面對面溝通，人們才可以有更好的情感交流、建立信任。透過面對面溝通，我們才有機會讓客戶感覺我們對他們的重視。在我們公司，職員絕不會忽視這些潛在的領導力時刻。」

獲得高階主管或經理信任的最好辦法是面對面溝通，這是菲爾．梅斯曼（Phil Mesman）的建議。他在一家名為Picton Mahoney的加拿大資產管理公司擔任投資組合經理兼合夥人。

他向我解釋說，有一位年輕的分析師找他諮詢，問他如何才能在職業生涯中獲得進一步發展。梅斯曼和年輕人說：「你必須面對那個你想施展影響力的人，光寄送電子郵件是不夠的。你必須面對面地、真正地推銷自己，讓那個人關心你以及你所管理的投資組合。」領導力時刻只會光顧那些有勇氣站在決策者面前自我推銷的人。

得體溝通

現在的組織結構已經更加扁平化，但在組織中不管是上下層級還是部門之間，仍然存在辦公室政治。這也意味著即興對話要符合身分且得體。

由下而上的領導可能是最為艱難的一種領導方式，你展現領導意願時，不能有阿諛奉承的味道但也不能專橫跋扈。如果在公司和一位級別比你低的人說話，要溫和坦率而不應當傲慢；如果在組織內進行橫向溝通，注意不要侵犯別人的領域。

還要記住：一定要小心地尊重別人的立場。我的小兒子本（Ben）是一家廣告公司年輕的藝術總監。他們公司為一家客戶設計的廣告非常出色，而恰好我認識那家客戶的銷售負責人（保羅）。

有一天，我對兒子說：「不如你去和保羅喝杯咖啡？他是銷售負責人。說不定你能挖掘到他們更多的廣告需求。」

本回答說：「我還是先和老闆確認一下吧。」一個星期後，我問他結果如何。他說他沒有去找保羅：「老闆說我們應該讓客戶經理來處理這方面的關係。他們了解客戶，知道所有關鍵參與者。」

我分享這個故事，是因為在組織中任何人都需要深刻理解權力的界限，不符合身分、不得體的溝通會阻礙職業生涯發展。

意識到「麥克風始終開著」

領導者必須了解到，他們在會議上發表的任何言論，其他人都可能會知道，即使是閉門會議。

當你和朋友、同事外出喝酒時，一定要記住「隔牆有耳」，不要說任何你不希望事後被傳播的話。即使是對某個同事隨意的一句評論，例如「他有問題」，也很容易會被傳回辦公室。

每位領導者都需要保持這種「麥克風開著」的心態。二〇一六年，聯合技術旗下開利公司（Carrier）的新聞發言人對員工說，「公司可能會把一千四百個工作職位從美國移到墨西哥。」[7]話剛說完，現場員工的反應非常激烈，他們起鬨、吶喊、憤怒。一名員工拍攝了現場員工的反應，結果該影片廣為傳播。一個本來低調的公司內部公告演變成了具有國際影響的醜聞。

進行任何對話前，都需要假設你所說的話會被牆外的人聽到。正如哈佛商學院教授羅莎貝・摩絲・肯特（Rosabeth Moss Kanter）對於互聯網時代的領導力探討，「身處網路文化就像在聚光燈下的玻璃房中生活，而且聚光燈『7×24』亮著。任何錯誤馬上會被人們看到並被放大。」[8]事實上，如今政治領導人的即興評論，正以前所未有的方式，惡化（或改善）著國內衝突、推動著全球市場、塑造著國際關係。有些新聞採訪的原聲非常有說服力、很打動人心，這些影帶在世界各地播放，而其即興評論也很容易被曲解。要在更廣泛的背景下審視、評估每個領導力時刻，重視語言帶來的影響。語言可以激發人，也可以威脅人。在麥克風永遠開著的世界，語言的力量也凸顯了「準備工作」在即興談話中的重要性，以及運用本書所提出的技巧的必要性。

一定要有當領導者的意願並始終處於領導者位置，將每一種情況都視為潛在的領導力時刻，但也要小心，因為不是每一次即興演講都能指向成功。本章介紹的指導原則可以讓你接近潛在的領導力時刻，瀏覽並檢查重點，如果發現萬事俱備，就抓住那個時刻吧。

第四章

成為一名聽眾

斯多噶派哲學家愛比克泰德[1]（Epictetus）觀察到：**「人有兩隻耳朵卻只有一張嘴巴，因此，我們聽的多，它是我們說的兩倍。」**這是一個很好的觀點。任何想要在即興交流溝通中脫穎而出的人都必須體認到，傾聽是一個賦權增能的過程，它使我們更接近聽眾。它使我們能夠修改自己的評論，並讓我們了解自己的評論是如何被接收的。真誠地聆聽他人是即興思維的重要組成之一。

本章所討論的積極傾聽不僅需要「帶著耳朵」去聽，還需要我們身體、心理、情感的全部參與。掌握了積極傾聽的藝術，你就有能力充分運用即興時刻。

用你的身體：身體傾聽

傾聽的第一個層面是身體層面的傾聽，但這並不意味著僅僅透過你的耳朵接收訊息。當你處於積極傾聽的狀態中，你的整個身體都應當參與其中。你的肢體語言會說明你如何與他人相處，並發出訊號顯示你是否正在傾聽他人。

曾經有一位客戶，他來找我是因為他總是不受歡迎。我很快就從他的肢體語言中找到了答案。他的雙手和雙臂在胸前交叉，頭和身體轉向一側，說話的時候臉部肌肉都不動，這些跡象顯示他說話時不帶感情，他的全身都在對別人說「我不在乎你的想法，我是老闆」。的確，他覺得自己無所不知，別人全都得聽他的。正如他所說：「每天我的角色就是當『法官』，一個會談接著另一個會談。人們帶著問題來找我，我必須得做出決定，我必須得說『是』或『否』。」他認為自己是所有答案的來源，他的肢體語言也顯示了他的傲慢。

肢體語言可以使你成為一個更好或更差的溝通者。當我用目光接觸你，我就可以更加地傾聽。當我的身體轉向你時，你會感覺到我的投入。同樣，當我關閉智慧型手機時，表示我會專心傾聽。專注的身體傾聽從肢體語言開始，肢體語言會透露你對別人是否感興趣。放下雙手和手臂，將身體朝向你正在與之交談的人。把頭部和身體微微向說話者前傾。調整自己的聲音，使其更具表現力。注視對方的眼睛，即使是小組會議，即使那個人不是在單獨和你說話。另外，還要微笑、點頭、示好。如果想回應，稍作暫停非常重要，它在告訴對方：「我在思考你剛剛說的話。」所有這些身體行為都在表達：「我在乎你，我想理解你，我想傾聽你。」這些身體行為也會鼓勵你把注意力放在對方身上，讓你更清楚地了解對方；同時也會鼓勵對方更加開誠布公。

有效的傾聽還包括讀懂對方的肢體語言。如果有人駝背、無精打采，這說明你沒有打動他們；有人拿起了智慧型手機，說明他對你的話充耳不聞。觀察人們的肢體語言，問自己「他們看起來是在聽嗎？」如果不是，那麼馬上改變說話節奏、聲音或訊息。這就是即興的美妙之處，可以隨時調整！

身體傾聽還包括為談話創造一個恰當的環境氛圍。現在越來越多的公司重視創造更好的傾聽空間，設計師珍妮佛．梅格諾菲指出，現在的企業設置了「各式各樣的團隊互動空間，就像搭建的積木一樣，有一對一對話空間、小組討論空間、大型互動空間等」。[2]許多領導者也運用開放空間的優勢，使員工更容易找到自己。推特共同創始人兼Square（美國軟體公司）負責人傑克．多西（Jack Dorsey）就是一個很好的例子。在Square公司新址，他在「露天平台的正中間」站著辦公。正如多西所說，「這樣的辦公方式讓員工感覺更容易接近，員工有問題會直接過來找我。」[3]這樣的環境為即興談話和有效傾聽創造了大量的機會。

要小心物理環境中不利於傾聽的種種障礙，其中最大的問題是開放式辦公環境中頻頻發生的各種干擾。研究顯示，員工在每天八小時的工作中會發生五十至六十次工作中斷。[4]這種中斷會讓員工煩躁，並對他人失去耐心。如果你正在和一名員工進行深度對話，結果另一位員工進來詢問你什麼時候有空，你們的談話就不得不中斷。因此，在某些情況下，公司會為深度對話設置更為私密的空間，以免被外界打擾。

積極的身體傾聽還需要消除電子產品的干擾。人們很容易被電腦螢幕上的東西吸引。麥肯錫全球研究院（McKinsey Global Institute）的研究顯示：平均來看，我們一天中二八%的時間花在電子郵件上，是面對面溝通互動時間的兩倍。[5]電腦不僅減少了人們對話的次數，還會降低對話的品質，尤其當人們一邊看電腦一邊說話的時候。手機和電腦相似，根據Pew Research（美國民間研究機構）的一項調查，有手機的年輕人平均每天彼此發送一百一十條簡訊。[6]事實上，開會的時候即使你只是瞥了一下手機，別人也會覺得你沒有在聽（而且，面對現實吧，你就是沒有聽）。所以，對話的時候需要清理所有令人分心的東西。

總而言之，身體傾聽除了要「帶著耳朵」，還包括運用肢體語言、創造恰當的傾聽環境並消除電子產品的干擾。

用你的大腦：理智傾聽

理智傾聽是傾聽的第二個層面，即全心參與對話、在對話中探索和建思新想法。這一層面的傾聽包括創造性地處理其他人或其他小組提出的想法。

理智傾聽始於全心關注說話內容。我們有多少次在會議中發現自己恍神，腦子裡想的是下一個會議、上一次談話，甚至是下班後回家幹什麼。瑪麗亞·岡薩雷斯（Maria Gonzalez）在《專注領導力》（*Mindful Leadership*，中文書名暫譯）一書中寫道：「即使明確要求專注於工作，員工在五〇%的時間內依然沒有考慮手頭的任務。」[7]岡薩雷斯解釋說：「大腦如果未經專門訓練，對任何事物都無法集中精力，專注時間往往不超過幾秒鐘，更不用說幾分鐘了。」[8]根據作者的觀點，可以透過冥想或其他方式來提升專注力，只有提升專注力，我們才能在對話中「處於當下」。

怎麼知道自己是否達到這個狀態呢？你的意識和你一起在傾聽，你的理智在對話中並沒有消失，而是與你聽到說話時的所思所想在一起。加拿大羅布勞超市明白聆聽的重要性，以及讓員工跟隨對話進度的重要性。其高階副總裁伊恩·戈登解釋說：「我們在組織中大量地討論如何『守在當下』（being present），如何充分參與會議，以及如何避免打擾（不管是電話還是下一個會議）等。」

保持專注的方法之一是「追蹤」他人思路，例如列出說話者的思路重點或者在發言過程中做筆記。無論是對於一對一會議還是對於小組會議，做筆記都有助於我們的思考保持在討論內容中，並向他人暗示你重視他正在分享的內容。維珍集團創始人理查·布蘭森表示：「有時候你參加一個商務會議，發現沒人記筆記，你馬上就會明白會後不會有實際行動。如果會議中的十五個或二十個決定需要在會後執行、需要繼續落實，那麼記筆記就非常重要。」布蘭森繼續說道：「有些人認為記筆記層次太低，那是祕書該做的事，千萬別這麼想，一定要記筆記。」[9]記筆記最好的方法是用手記，而不是記在電腦上。有研究顯示，儘管用電腦記錄得更快，但手中的筆卻比鍵盤的功能更為強大。當你用筆記錄時，大腦會歸納整理素材，最終讓你對會議內容有更深刻的領悟。[10]

理智傾聽還包含探索、引發他人的想法，獲取他們的觀點。保羅·瓦里對我說：「如果開會時，你知道有人對某個討論主題有更好的想法，不妨說『洛林也在場，她正在進行這個計畫』，還可以說『我對比爾剛剛說的觀點非常感興趣』，要意識到『把自己的觀點強加給別人』並不是優點，而坐下來傾聽別人的觀點會顯得更有風度。」

有人說得好：要想方設法提出問題，這能幫助對方形成自己的觀點。例如，你可以這麼說「我聽說你想採用一種新思考方向，為什麼」、「你是怎麼得出這個結論的」、「你還考慮過哪些選擇」。如果員工的想法缺乏重點，那就幫助他們重塑想法，可以問「你的意思是……」。理智傾聽包含特意的、有目的、有意向的詢問，從而引發更有建設性的對話。甚至有時候，會議的唯一目的就是傾聽和探討。舉個例子，有時候我們與客戶會面就是為了了解他們明年的目標。

理智傾聽還需要留意口頭線索。首先，在傾聽的過程中要注意這樣的說法「我想說的是……」，留心說話者後面「第一」、「第二」、「第三」等證據論述。其次，如果有人在說話中使用「呃」、「啊」或「有點」、「也許」等模稜兩可的詞，說明他的觀點還沒有完全成熟；如果說話者使用語氣堅定的詞「我相信」、「我知道」，表示他確信這些觀點。最後，在對話過程中尋找「漏洞」，例如談話者後來講述的情況與開始講的不一致或是重要訊息明顯缺失，那麼就需要提醒說話者填補這些訊息「缺口」。

最好還要精心策劃一些討論，以便將大家的觀點協調一致。你不必親自去做統整工作，但需要你發揮領導力、聽取大家的不同意見、串聯大家的觀點，然後帶領大家在綜合所有觀點的基礎上，進行更高層次的思考。你可以這麼說，「我知道史蒂芬妮的觀點出處，的確詹姆士這麼說過，這兩個想法相互關聯，他們都建議進行這項投資，但要小心謹慎。」或者你還可以這麼說，「在座的各位目標都一樣，希望這個計畫能夠有一個最佳起點。我建議，就按今天討論的決定展開工作，順序如下……。」

透過全心傾聽、綜合大家意見，來帶領小組討論的能力是一種巨大的財富。當前的組織機構都希望他們的頂尖人物也具備這樣的能力。一位CEO告訴我說，他的一個小組成員「在帶領與審計委員會的對話中，表現得困難重重。他很容易就被對方逼得無法應對，而且在提出重點時聲調太弱。他需要學習如何引發辯論、如何對話以及如何達成共識。在會議上他需要從別人的發言中擷取相關問題，然後幫助小組解決這些問題」。

我問：「你希望他怎麼做？」

這位CEO回答說：「他能夠從日常工作事項中發起強有力的對話；他能為團隊提出有獨特看法、有深度的問題；他有能力在會議上讓大家達成共識，讓大家認同季度審計評估；他不再認為自己是一個『專家』，而將自己視為眾人觀點的『合成器』，從而領導團隊進行協作性思考並達成目標。」

這也是任何領導者在會議上需要擁有的技能。這種有目的的探索涉及綜合性思考、協作、達成共識和採取行動，它是理智傾聽的最高形式。

用你的心：帶情感地傾聽

傾聽的第三個層面涉及與他人情感上的連結，同時不讓自己的感受妨礙有效傾聽。往往員工會認為這種「同理心」非常重要，而領導者卻常常低估它。《經濟學人》（*The Economist*）進行的一次全球調查發現：高階主管們經常會把技術和金融作為他們尋求改進的兩個領域；而職位較低的職員卻認為情商和領導力才應該是老闆需要重點提升的。[11]顯然，員工希望領導者更加敏銳。帶情感的傾聽從點頭或說「是」、「我明白」開始，但並不止於此。透過像是「我能明白你為什麼這樣認為」或者「這對你來說是一個困難的決定」等話語來表達同情心，這樣的語言會鼓勵他人打開心扉，更多地分享感受，而不僅僅是分享想法和觀點。

帶情感的傾聽還包含理解說話者的非語言線索。這類線索可以透過很多方法取得，例如研究對方的臉部表情、傾聽他們說話的語調、觀察他們的肢體語言、體會他們此刻的感受等等。假設你正和老闆談話，他接到了另一位高階主管打來的電話，你看到他在通話中變得有些焦慮、語調激動。通話結束後，你觀察到他有點煩躁、心不在焉（你如果沒發現這些變化，那麼接下來的談話很可能不得要領）。此時，你最好問他：「要不我們先到這裡，以後再談？」這樣做你就是在表達：你了解他（即使他說「不用，我們繼續吧」）。你表達出你在懇切地傾聽，說不定他會和你分享剛才的電話內容。

為大家舉一個帶著情感傾聽的正面案例。在我們公司的一次管理會上，一個頗受質疑的問題即將解決，但會場有個人雙臂交叉，有點垂頭喪氣。然後有人問他：「你對這個決定是不是感覺不太滿意？你感覺滿意對我們很重要。」結果引發了另一個層面的對話，雖然參與者還是原來這些人，但我們對問題做了更深入的探究，努力使每個人都站在同一條戰線上。最後，我們找到了更好的辦法。這個例子給我們的啟發是：會談的時候，要仔細留意在場的每個人，讓自己帶著情感傾聽，最後的決定要確保獲得每個人的支持。有時候有些人不想拖延公司決定就保持沉默，但不說話恰恰表示他們可能不同意，遇到這種情況可以這麼說：「我們先等一下……我想琳恩對這個建議可能有不同的感受。」最終，由於你的引導，會議往往會有更好的結果。

還有一些語言上的線索值得注意，如果你帶著情感傾聽，你就會很容易理解它們。例如，一名員工說：「我對加薪感到高興。」你可以認為她的確高興，或者這只是表示她「支持這個決定」，意味著你有一個盟友。但有時需要拆解分析，才能真正理解說話者背後真正的感受。例如，當有人說「怎麼樣都行」，這個人真正的意思是「我知道你不會在乎我的感受」。又如，「無意冒犯」的通常意思是「小心點，我會表現出對你的冒犯。」再如，「我會順其自然」，意思是「我不喜歡這個決定，但我不打算去爭辯了。」

當發現有人沒有表現出自己的真實感受時，理解他們的感受非常重要，同時需要進一步探究問題。這裡提供給大家提出探索性問題的正面例子。

- 「你對這種情況感覺如何？」
- 「你有其他更好的想法嗎？」
- 「我覺得你對這個決定有疑慮。」
- 「你能再多說一些嗎？」
- 「你贊同這個計畫嗎？」
- 「有沒有我還沒注意到的問題？」

一旦你知道對方的感受，就要有所回應（而不是反應）。我們聽到一些自己不喜歡的東西時，很容易有情緒反應。一定要記住蘇斯博士（Dr. Seuss）在《羅雷斯》（*The Lorax*）中說的話，「除非有人像你這樣關心，否則一切都不會好起來，不會的。」[12]

即使有人做了一些冒犯你的事，你也需要超越這件事，不要啟動情緒反應，否則只會造成更多的壓力和牴觸。聆聽並嘗試理解對方的動機。這裡介紹大家一個如何周全回應的例子。這個例子是我的一個客戶——一位投資金融機構的負責人告訴我的。

我的一個團隊成員提出了辭職，他在工作中表現不太好，但我也有責任。那天，他走進我的辦公室和我說：「我決定要辭職！」事情很突然，我究竟該怎麼處理？我不想憤怒地回應，也不想說我在他身上投入了太多的時間和精力，雖然事實的確如此。我也不想生氣地說：「我簡直不能相信你要辭職！」相反，在確定自己控制好情緒後，我問他為什麼要辭職，我對他提出的每個原因（不管是文化、工作量還是其他）都一一予以回應。然後我說我完全能理解他的感受，雖然我會更喜歡不同的結果。不管怎麼樣，我敬佩他的勇氣和自信。我們的對話獲得了雙贏，我沒有讓他感覺自己很糟糕，而我也從他那裡得到了建設性的回饋，讓我在未來把工作做得更好。

事實上，上述這種即興時刻很可能演變為一場「意志之戰」（battle of wills）。「辭職話題」本身令人心煩，老闆很容易情緒化。但這位老闆嘗試去理解辭職員工背後的感受。如果有人帶著情緒來會談，我們面臨兩個選擇：⑴在同一層次上與他對話，使談話成為一場戰鬥；⑵如上述案例一樣，努力找到共同的對話基礎，針對問題本身進行對話。透過使用後一種方法，你將會建立更有建設性的對話，並將談話推向更高層次。在小組會議中，如果有人情緒爆發，我們首先需要承認這些情緒的存在，你可以這麼說，「大家有不少情緒，但我們不該讓感性掌控我們的理性、智慧以及判斷力。」

傾聽是一個高強度的創作性過程，無論是身體的、理智的傾聽，還是情感的傾聽。當下領導所需要的一部分知識存在於你周圍人的身上，正是他們的想法、觀察、建議、恐懼、目標和激情引發了你的回應。人們永遠不會跟隨一個人，除非他們相信那個人真的理解他們。領導力思維必須包含傾聽的慾望和傾聽的能力。

第五章
保持真誠

詹姆士·庫賽基（James Kouzes）和巴瑞·波斯納（Barry Posner）在他們的《信譽》（*Credibility*，中文書名暫譯）一書中寫到，可信度是領導力的基礎。他們解釋說：「人們只有信任領導者，才會跟隨領導者。」[1]

建立信任需要基於真誠領導力，就是在所有即興對話中保持真實性、開放性。真誠的領導者會在私人層面與公眾建立連結，這包括分享他們的當下、想法、信念、感受、脆弱和故事。當今的世界，人們持續地進行著個人溝通，沒人願意聽不真誠、虛假或不帶感情的話。人們期望的比原來更多，而領導者也可以給予更多。即興對話衝破了傳統組織規則的約束，是判斷人是否具有真實性的最佳途徑。

什麼是真誠領導力

「真誠」是現今一個熱搜詞，華盛頓商學院教授亞當．格蘭特（Adam Grant）在《紐約時報》的一篇文章中寫道：「我們處於真誠時代，在生命、愛情和職業生涯中『做自己』都是最重要的忠告……我們希望過真誠的生活，嫁給真誠的伴侶，為真誠的老闆工作，並為真誠的總統投票。」[2]

我們當然得做真誠的自己。

但真誠的含義是什麼？「真誠」（authenticity）這個詞來源於希臘語authentikos，指的是「原創的」或「坦率的」。[3]當我們分享內心的想法以及源於內在的觀點和看法時，我們就是在表達自己的真誠。真誠不是一種狀態，而是一種自我表達行為。正如羅伯．高菲（Rob Goffee）和賈瑞斯．瓊斯（Gareth Jones）在《如何讓人願意被你領導》（*Why Should Anyone Be Led by You?*）一書中所述，「在與他人的關係中，真誠被放大。真誠不僅僅是個體屬性。」[4]透過分享這種特質，我們表達我們的真誠。

那麼，什麼是真誠領導力呢？它指的是分享那些定義我們自己、屬於我們自己的真實風格，包括擁有領導意願，傾聽、尊重他人的觀點和尊嚴等等。但還不止於此，它還需要具有代表最佳領導力的價值觀和信念（這也是本書第二部分所討論的特質）。如果你處於領導者位置，但卻缺乏這些特質，喜歡一股腦將心裡所想都說出來，這也許表現了你個性中真實的天性，但不屬於真誠領導力。

在談到即興對話時，真誠領導力究竟會帶來什麼影響？現今的即興交流溝通新時代為人們提供了大量展現自己的機會，成功的領導者透過分享他們的所知、所信、所感和所做來激發、感染他人。

人們渴望真誠領導力。在扁平組織中，沒有傳統層級制度和規則的約束，人們尋找榜樣、汲取教訓並渴望真相。在日常對話中，你有機會找到並展現真實的自己，並把他人變為你的追隨者。

展現真誠的策略

有很多方法可以展現真誠自我。接下來的六個方法將使你觸及真誠的自己。

第一，真誠地處於當下。凸顯真誠，首先你需要保持在當下。這不是指你在會議現場，或與說話的人面對面，或從智慧型手機上看到有人問「你有一分鐘時間嗎？」分享當下是指你要守在「那一時刻」，把心放在那個時刻，開誠布公地對話，以及跟與你對話的人建立緊密關係。

肢體語言會反映你是否真誠地處於當下。如果你在大廳看到某個人並問「怎麼樣了？」卻沒有停留片刻傾聽回應，那不算真誠地處於當下。如果你還是問同樣的問題，但之後你停下來，看著對方的眼睛，等待答覆，那麼你表現的就是真誠。同樣，如果別人和你說話，你卻低著頭、心不在焉、疲憊不堪，你的身體動作就表示你沒有真正處於對話中，你真實的自我游離在別處，你和你的同事都無法觸及真誠的你。

在視訊會議中，對方正在講話，而你在查看郵件，這說明你沒有完全在場。你可能會認為別人又不會知道我在幹什麼，但他們能從你的語氣中聽出你是否處於當下。所以，要做到真誠地處於當下。

第二，**分享你的想法**。真誠意味著有勇氣分享你的觀點和看法。人們不這樣做的原因有很多：有些人覺得隨聲附和他人的觀點比較容易，而且重複別人的觀點可以避免他人的挑戰；有些人則可能感覺「集體言論」更安全，而不願意透露自己的想法；當然還有一些人不知道自己有什麼想法。的確，一些組織允許甚至鼓勵員工不要思考、不要有想法，尤其是那些由上而下、集體思維占上風的組織。真實的想法來自人們內心深處，是原創的、大膽的想法，是需要領導者深入探究才能挖掘到的想法。

特斯拉汽車CEO伊隆．馬斯克是一位勇於思考的領導者，他不斷與員工、投資者、商界和大眾分享自己的想法。儘管有反對者，但他依舊忠於自己的思想，不斷證明懷疑者的錯誤。他在接受採訪時說了以下這段話：

「他們說，『你不可能生產出電動車。』結果我們做到了。然後他們又說，『沒有人會買的。』結果人們買了。後來我們宣布S型上線，被很多人稱之為『狗屁』。這真的很荒謬，事實上我們有能力將其推向市場。當把它推向市場的時候，他們說，『你永遠都不可能增加產量』，而我們做到了。他們又說，『你永遠無法獲利』，我們卻在第一季就獲利了。所以，如果你觀察的話，就會發現其中有一個規律。」[5]

上述整段描述跌宕起伏，而他的想法卻堅如磐石，整個起伏背後是馬斯克強大的信念——自己的想法必勝、他和公司必勝。這樣的信念非常重要，無論是銷售產品、推廣策略，還是指導下屬或團隊，記住你的想法非常重要。

第三，**分享你的信念和價值觀**。真誠的領導者用自己的信念和價值觀影響激勵他人，比爾・蓋茲就是一位真誠的領導者。賽門・西奈克（Simon Sinek）在《先問，為什麼？》（*Start with Why*）一書中，對蓋茲和史蒂夫・鮑爾默（Steve Ballmer）作了比較，大家知道鮑爾默是繼蓋茲之後的微軟CEO。西奈克認為，雖然鮑爾默充滿活力，但蓋茲卻擁有更深沉的魅力，在他和聽眾所分享的信念中展現了這種魅力。乍看之下，蓋茲比較「害羞和難為情」，但人們「卻喜歡抓住他的每句話、每個詞……那些聽過他說話的人，往往會數星期、數月甚至數年回味他的話。」[6]西奈克認為，蓋茲的魅力不可抗拒，他不願意商業炒作而只願意做真實的自己，並與他人分享自己的信念及其他東西。

想發掘自己內心深處潛藏的信念，可以遵循羅莎貝・摩絲・肯特在她的《進化》（*Evolve!*，中文書名暫譯）一書中提供的指導。在書中她建議詢問自己以下問題：「我是否對這個需求有強烈的意願？我確信這可以完成嗎？當我談論它時感覺興奮、熱情嗎？我願以信譽承諾行動嗎？我願意即使歷經艱難險阻也要堅持到底嗎？我願意為之做出犧牲嗎？」[7]這些問題以及肯定地回答這些問題的能力，將塑造你的溝通方式，使你成為一個真誠可信的領導者。

我的同事詹姆士・拉姆齊（James Ramsay）是韓福瑞集團資深合夥人，他告訴我說，他在指導客戶時，會不斷把客戶的想法拉回到他們的信念上。正如他所解釋的：「我要求他們寫出自己的五個信念，然後對他們說『我們一起來探索一下每個信念』。這也給了他們回答上述幾個問題並真實地講出自己想法的機會。」這種內在探索對所有領導者來說都至關重要，因為當你說話的時候，聽眾能夠感覺你是否相信自己所說的話，如果連你自己都不相信，聽眾當然也不會相信。

第四，分享你的感受。真正的領導者會分享他們的感受並且對他們的聽眾保持敏銳。

如果像木頭人一樣毫無情感地宣布公司重組或公司裁員等重大決定，你和公司都會被員工認為冷漠無情。在這種情況下要展現關心員工的「真實自我」，首先要將人力資源發布的公司重組訊息改成用自己的語言能解釋的內容。當見到團隊成員時要保持對他們的敏銳，不要用「糖衣」包裹問題。解釋完公司決策後，要對離職員工做出的貢獻表示感謝。

還要當心不要表現過度。有人曾向我講述，有一位高階主管在討論團隊生產的產品品質低劣時，竟然在講台上淚流滿面，他的這種反應與問題不太相稱，而觀眾也並沒有被打動。相反，由於他的表現並不真誠，他的領導力大打折扣。真誠不容易做到，我們必須要表現出情感但又不能太情緒化，以致讓人覺得是在表演。

分享感受的一個重要途徑是，向你的工作、團隊成績、好的想法、你的願景和團隊成員展現熱情。使用正確的語言表達激情會讓人內心澎湃，正如一位客戶告訴我的那樣，「我得到了很多人的回饋，他們欣賞我對工作的熱情。」

但是，不要將激情變為負面發洩，對那些不符合期望或沒有感受到你激情的人，你要過濾掉這些負面情緒。史蒂夫．賈伯斯承認他雖已盡其所能，但仍缺乏對負面情緒的過濾能力。當傳記作者華特．艾薩克森問他為什麼對別人如此苛刻的時候，他回答說：「我就是這樣的人，別指望我成為別人，不可能。」[8]真正的領導者不僅要做自己，更要表現出積極正面、鼓舞激勵他人的熱情，並過濾掉那些可能挫傷他人積極度的破壞性情緒。

第五，分享你的脆弱。真正的領導者會面對自己的優點和缺點。《對手偷不走的優勢》的作者派屈克．蘭奇歐尼在書中寫道：「信任對建立一個優秀的團隊必不可少，這種信任我稱之為『基於脆弱性的信任』。這樣的信任建立後，團隊成員就能保持透明、誠實並坦承自己的真實想法，例如『我搞砸了』、『我需要幫助』、『你的想法比我的好』、『我希望能像你一樣學會這樣做』，甚至『對不起』。」[9]

要願意分享自己的脆弱，當然這種脆弱不能削弱你的領導力。分享脆弱是分享關於不安全感、不足或失誤的感受，這和削弱領導力之間有明顯的分別。比方說，如果在公開場合發表演講時，你向聽眾坦誠你不喜歡公開演講，這就是削弱領導力的做法；但如果你向一位同事說，演講對你而言從來就不是一件容易的事，但你剛剛接受了一個演講邀請，因為想要學習演講技巧，這就是在分享脆弱。

真正的領導者，不會羞於在團隊成員或其他人面前承認自己的脆弱。傑夫．貝佐斯（Jeff Bezos）曾經對亞馬遜第一批投資人說：「我認為我們有七〇%的可能性會賠光，所以除非你能夠承擔損失，否則不要投資。」[10]為什麼要這樣說呢？貝佐斯在一九九四年創立亞馬遜時，電子商務還處於發展初期，他知道公司失敗的可能性很大，於是和大家坦誠了這件事。

分享脆弱有三個好處：首先，它會讓別人感覺你更可親，我們在人生中都有「命中和失手」的時候，關於你脆弱的故事會讓聽到的每個人都產生共鳴；其次，分享自己的不足會讓你感覺良好，因為你會看到人們仍然尊重你、相信你；最後，透過主動分享，你將能夠建立一個更好的團隊，因為你會發現自己無法一個人完成全部工作。

分享脆弱包含的內容林林總總，例如坦誠自己不能解決所有的問題。加拿大全球資訊技術公司（Canadian Global Information Technology Company，CGI）的資訊主管斯圖爾特．福曼（Stuart Forman）告訴我：「在為新任經理舉辦的一次培訓班上，我應邀談話，會場有四百多人。在問答時間中，我說，『我喜歡這個問題，但我今天沒有答案，我回去再想想，我會回覆你的』。」福曼解釋說：「這對我來說是保持真誠的一部分，過去我曾很擔心他們怎麼看我，現在我明白說『不知道』並沒什麼。」

第六，分享你的故事。對你的雇主、老闆、團隊、同事、客戶或朋友來說，沒什麼比分享一個鼓舞人心的故事更能讓大家對你產生親密感。如果是在面試中，非常適合講如何應對工作挑戰的故事。雇主越來越看重這樣的個人經歷。電子商務軟體開發商Shopify的CEO托比·呂特科（Tobi Lütke）說：「我們的面試過程幾乎完全是在聽面試者的人生故事，我們尋找面試者做出重要決定的那些時刻，然後繼續深入對話。」[11]所以，如果你正在應徵一份工作，準備好講述你最精采的職場故事。

聽眾對於職場故事或個人家庭故事會產生共鳴。推特與Square的CEO傑克·多西在和一群學生對話時說：「我父母是使用推特的第一批人。」他解釋說：「我媽媽認為推特就是簡訊，是聯絡我和家人的好辦法。她覺得這是一個私人平台，所以她在推特上竟然對我的兄弟大喊大叫，『傑克，什麼時候你才回家啊！』後來她意識到，哦，等等，這是公開平台！」會場的每個人都忍不住笑了起來，回憶著自己媽媽發生的類似事情。[12]

商業經驗教訓的故事也非常好。伊恩·戈登負責監管羅布勞超市的所有產品線。他們公司有「讓我們聊天」的活動，他經常在這個有八至十名員工的活動中講故事給大家聽。「他們喜歡聽故事，」戈登說，「他們真的很喜歡我早年在菲多利工作的故事。」以下是他說給我聽的故事。

大學畢業後，我駕駛著一輛菲多利卡車開始了我的生意。我早上五點半就起床，一直工作到晚上八點。我和各式各樣的店主合作，和他們談論公司產品。當時我們有一個名為Tostitos的莎莎醬產品（現在仍然有）。那時候總部市場行銷人員決定，每年舉辦一次競賽來進行市場宣傳。他們認為如果把競賽規則貼在莎莎醬外包裝的空白處可以省下不少錢，但原本顧客透過那個空白處可以看到瓶子裡的醬，如今在空白處貼上競賽規則，顧客就無法看到瓶子裡的醬了。後來，每年市場部門舉辦競賽期間，莎莎醬的銷售額就會直線下降；競賽結束後，銷售額又會回升。很多商店的老闆都發現了這個問題並告訴我，但總部對此沒有行動。我從這個經驗中學習到，我們應該傾聽客戶的意見。現在我作為羅布勞超市的高階副總裁，始終在傾聽客戶的意見。

每個人都可以成為一個真正的領導者，但別指望輕而易舉就能實現。華倫．班尼斯（Warren Bennis）在《領導，不需要頭銜》（*On Becoming a Leader*）一書中寫道：「如果認識自己、做自己像人們談論的一樣容易，就不會有那麼多人用模仿他人的姿勢走來走去，滔滔不絕地談著『二手想法』，拚命試圖融入而不是脫穎而出。」[13]成為真正的領導者，需要挖掘自己內在的領導力，與同事、隊友和朋友分享你的當下、想法、價值觀、信念、感受和故事；透過保持自己的真誠，激勵鼓舞他人；在了解到領導力新時代讓我們變得更加溫暖、能分享更多個人訊息的同時，就能找到樂趣。

第六章
保持專注

一九四四年十二月，在比利時小鎮巴斯東（Bastogne），德國軍隊包圍了美國一〇一軍空降師。德國人向被圍困的美國人發出一封信，告訴他們為什麼必須投降。美國指揮官安東尼．麥考利夫（Anthony McAuliffe）只用一個詞回覆了這封信：瘋子！

美國軍官約瑟夫．哈珀（Joseph Harper）上校對德國人用同樣簡潔的方式傳達了這一聲明，德國人問他什麼意思，哈珀說：「意思就是——見鬼去吧。」美國人堅持住了，德軍的進攻最終以失敗告終。美國人的回覆清楚地表明了他們的立場和決心，但凡偉大的領導者都目標明確、意志堅定。

互聯網時代的資訊超載

當今的每個人都處於資訊超載狀態，所以在提供資訊時思緒不夠清晰和明確，就會失去聽眾。在《簡潔的威力》（*Brief*）中，溝通專家喬．麥柯馬克（Joseph McCormack）寫道：「二〇〇八年，美國人在工作之外獲取訊息消耗的時間為一點三兆小時，也就是說平均每人每天大約需要十二小時。」[1]在工作中，資訊需求量更大。大量資訊紛至沓來的狀態成為常態，現在每個人不僅是資訊消費者，更是資訊提供者。臉書創辦人祖克柏評論說：「現在，每個擁有臉書帳號的人都有發言權，他們可以發布狀態更新，也可以分享連結給感興趣的朋友閱讀。」[2]

資訊大量湧入，導致人們注意某一事物的時間越來越短。根據美國國家生物技術資訊中心（National Center for Biotechnology Information）的數據，平均注意力時間已經從二〇〇〇年的十二秒降至二〇一三年的八秒。[3]這比金魚的注意力還要少一秒！[4]我們短暫的注意力時限為即興演講者帶來了巨大的挑戰，他們不得不每隔八秒就把分神的聽眾拉回來。

此外，資訊像汪洋大海淹沒人們的大腦，侵襲人們的精神空間，當人們開始說話時很難保持明確的主題。一天當中有多少次我們聽說話者沒完沒了地說，而不知道他們究竟想說什麼？一位客戶曾經和我說，他有一個下屬光說完「早上問候」就至少得花二十分鐘。當我們長篇大論時，其他人就會躲著我們，害怕和我們說話。

主題明確與即興藝術

作為一名人際溝通教練，在過去的三十年中，我曾與數千位領導者合作。我發現越是喜歡脫口而出的人越需要主題明確。我遇到最具挑戰性的工作，是和一位被送到我這裡的一家公司主管合作。用他老闆的話說，他被送來的原因是，「他太喜歡說了，他快把我逼瘋了，他說啊，不停地說啊，永遠都說不到重點」，他的老闆問我：「你可以讓卡爾說話簡明扼要嗎？」

對我來說這是一個令人興奮的挑戰，於是我說：「好。」

當我和卡爾第一次見面時，我發現他口若懸河的習慣已經根深蒂固。也許是遺傳造成了這種習慣，他父親的綽號是「蔓生植物」。我和他一起努力，讓他一次又一次地練習用精煉的語言表達自己。他每一次的說話練習都比之前要簡短一些，而針對每一段話我們都至少練習五次。

最後，卡爾終於能簡明扼要地說話了。實際上他變成了簡練的「海報男孩」。他的老闆說他的會議發言簡短、精煉、切題。聽到這個消息我非常激動，卡爾也為自己獲得的進步感到非常自豪。但當我去找那位老闆，和他談起卡爾的重大進步時，老闆說：「你知道，卡爾還有一個毛病。他在我們最近召開的一次CEO大會上，特別想發言，結果他一口氣說了十個想法。」

在《哈佛商業評論》（*Harvard Business Review*）的一篇文章中，精神病學家馬克・葛斯頓（Mark Goulston）解釋說，很多人都有極其強烈的、想不斷說話的念頭，即使沒什麼可說的。葛斯頓認為，他們這樣做主要有兩個原因：「第一，所有人都渴望被傾聽。第二，在談論自己的過程中，我們的身體會釋放多巴胺，即快樂荷爾蒙。人們喋喋不休，是因為他們對這種快感成癮。」[5]嘮嘮叨叨的人能從說話中感覺到興奮。

除了純粹享受說話帶來的快樂之外，很多人說話沒有明確目標，似乎從來沒有思考過自己的觀點是什麼。他們圍繞著內容去組織對話，而內容可以代表無盡的訊息，於是他們在這種模式下能不停地說下去，沒有明確的思緒，亦沒有形成某種觀點。我曾有個客戶想向團隊發表正式的全員會議談話，我問他打算說什麼的時候，他用以下「資訊傾瀉」般的方式作了回答：

「即使打破腦袋去想，我去那裡也就談兩三件事。我想談的重點基本上是對這一年的一點點回顧，還有一些我們已經獲得的成就，以及一些對明年展望的初步設想。還有，我會準備一個清單或圖表，我會說『這是我們所做最棒的事情』。可能還會講講細項，例如客戶滿意度；可能還會再選擇一個細項，例如技術創新，或者對於我們團隊來說更棒的事。我還會舉適用於不同業務組的例子給大家聽。在結論部分，我會談目前已經收到的一些回饋和面臨的挑戰，這也是我們明年的弱點。」

這種意識流的構思方式非常典型，我所合作的很多領導者都有類似問題，他們說話時都是從一個大題目入手，然後把它分為小題目，再拆分為次小題目，然後帶入圖表等等。發言過程沒有溝通、沒有爭論，自始至終他們做的都是「資訊傾瀉」。上述那位團隊負責人最後竟以負面言論——「明年的弱點」結束。試想一下，這位發言人講話內容亂得如草堆一般，迫使聽眾去尋找當中如針般細小的觀點。估計聽眾也懶得去找答案，會將傾瀉給他們的資訊直接倒掉。

這種以內容為驅動的說話方式在即興談話中也能見到。例如當有人問一位領導者：「你的團隊進展如何？」答案可能是一個長長的清單。或者老闆問一名員工：「我們的計畫進度到哪裡了？」員工的回答可能是哪些已經完成、誰做了什麼、進度情況如何等資訊傾瀉式的答案。由於缺乏明確觀點，資訊傾瀉者到總結的時候才會使勁說，「因此，我的觀點是」、「我猜我是說……」、「更清楚地說……」。

想知道說話者的觀點是否明確，看他們使用贅詞（例如：「呃」、「你知道」、「我的意思是」、「好吧，在我看來」等）的情況就會略知一二。說話者在使用這些詞和短句時，其實正在琢磨要說什麼。即使是最有智慧、最有經驗的領導者也會有這種傾向，一位評價很高的CEO被問到公司的某種技術計畫時，他是這麼說的：「我認為人工智慧的可能性非常廣泛，我不知道……很難說……呃……我認為這是一個有趣的問題……呃……這可能是一個關鍵領域，但是我們要做的事還有待觀察……我們有人在做這件事。時間會證明一切。」[6]

那麼解決辦法是什麼呢？

(1)鼓勵自己不要只是因為喜歡聽自己的聲音就說、說、說；

(2)避免資訊傾瀉，要精簡想法。

甘迺迪是一位發表觀點時主題明確的大師，正如西奧多・索倫森所說：「他回答問題總是簡明扼要，有的只有一句話，甚至一個詞。他會對中子爆炸機率發表看法嗎？他會說，不。」[7]

史蒂夫・賈伯斯也會把他的演講精簡成一句話，他和那些在MacWorld 2007的粉絲說：

「今天蘋果將徹底改變手機，現在它就在這裡。」

溫斯頓．邱吉爾曾經調侃談話主題不明確的人，他說：「起床之前，他們不知道自己要講什麼；說話的時候，不知道自己在說什麼；坐下時，不知道自己剛剛講了什麼。」[8]

能否凸顯重點，關係到即興談話的成敗。長篇大論或者偏離主題都會失去聽眾；保持凸顯重點則可以讓聽眾把注意力放在你想讓他們知道或關心的事情上。以凸顯重點的談話為基礎，需要有當下領導的能力，才能夠讓聽眾集中注意力。

第七章

保持尊重

五十歲的演員丹尼爾・克雷格（Daniel Craig）已經扮演詹姆士・龐德（James Bond）十餘年，二〇一五年，他完成了第四部龐德電影《惡魔四伏》（*Spectre*）的拍攝，該片是「007系列」第二十四部電影。根據合約條款他將再拍攝一部龐德電影，另外他也得到一部電視連續劇中的一個角色。當記者問克雷格是否還想扮演龐德的時候，他回答說：「我寧願打破這個玻璃杯割腕自殺也不願意……現在我最想做的就是改變。」[1]

意識到自己對「龐德專屬權」表現得太過無禮，克雷格馬上做了一些彌補，後來工作室並沒有解雇他。這顯示，經驗如此豐富的演員在說話時竟然也會抨擊自己扮演的角色，也會偏離正軌，所以即興發言時務必格外小心。大家可以想像一下，如果一名員工公開說：「我寧願割腕自殺也不願意在這裡多做一年！現在我想做的就是改變。」這句話會帶來什麼樣的影響。

在即興發言時，人們有時會表現出對工作單位和同事的不尊重。這很可能與不久前出現的四個現象相關。首先，和之前相比，人們即興談話的機會更多，而先打草稿再發言的傳統方式顯然更穩妥一些。其次，社群媒體放大了人們的聲音，為人們提供了之前不存在、可以發洩憤怒或不滿的平台。無論是在YouTube上還是在推特上，壞消息似乎比正面報導傳播得更快，而這種表達不敬和對抗情緒的方式似乎已被很多人接受。再次，人們更換工作的頻率比之前更高，對工作單位沒有什麼感情，一生忠誠的觀念已經成為遙遠的記憶。最後，對非法和不道德行為的報導，引起人們對公司和政府越來越多的批評。

對於一些人來說，表現不敬可能是一種很容易出現、難以抗拒的反應，但是我們應該極力避免。發洩情緒可能會讓你當下感覺好一點，但在別人眼裡卻非常不好，會損害你的聲譽和職業發展。坦率地說，真誠、敞開心扉的談話並不意味著隨心所欲，隨著即興發言變得越來越普遍，以及組織層級和組織界限的模糊，每個人都需要有尊重的意識。

尊重你的組織

真正的領導者對雇主非常尊重，如果這聽起來「老派」，那麼我們可以把組織看作是一個共同體，正如詹姆士．庫賽基和巴瑞．波斯納在《信譽》一書中指出的，「只有當人們願意致力於建設比自己更偉大的東西時，強大的共同體、強大而有活力的組織才可能存在」。[2]對組織的忠誠說明你想致力於更有意義的事情；它表示你很重視你和你的團隊、同事、客戶及其他利益相關者所在的共同體。而作為一個領導者，你應該鼓勵其他人相信組織。

尊重組織機構可以有很多種形式，可能是分享公司積極正面或令人興奮的事情，也可能是針對公司未來進行鼓舞人心的對話，或向職員提及公司剛剛導入的生育津貼規定。這些溝通的特點是真誠、開放、自然、自發，並有利於公司形象。對任何機構來說，這樣的溝通都是生存所必需的。

不過，對組織不敬的事情經常會發生。在應徵面試中，當求職者被問及為什麼離開前一個公司時，如果你說「那個公司沒有足夠的個人成長機會」，面試官可能會推測你批評新公司也是早晚的事。最好這麼回答：「原來的公司提供我一個非常好的歷練，只是我覺得是時候改變自己了，我需要一份像這樣的新工作。」

毀壞公司名譽還有很多其他形式，例如抱怨公司不給升遷、不加薪、不提供計畫或客戶資源等，遇到這些情形時，你很容易放鬆警惕，加入抱怨的陣營。這樣的抱怨會逐漸損毀公司的聲譽：不僅員工之間互相抱怨會損害公司聲譽，員工對外界抱怨也會損害公司聲譽。

毫無防備地在網路上對話同樣會對公司造成損害。社群媒體不是分享抱怨的地方。我最近看到有人在推特上說，「我曾經為一個『靈魂被毀』的製藥公司工作過，那個產業有很多問題」。未來的雇主或客戶可能會看到他的訊息，他也很可能會因此被未來的雇主解雇。我們一旦發布批評公司的言論，這個訊息就會被許多人看到，即使你匿名發布，駭客也可以揭露發文者的真實身分。因此，正面支持公司永遠都是更好的策略。

尊重你的管理者

即興發言時一定要避免對上司或管理層的不敬。現在的組織可能比之前更扁平化，但表達尊重仍然是員工最可貴的品格。Mic是一個由千禧世代創造的互聯網新聞公司。《紐約時報》上有一篇關於Mic的文章，講述了一位年輕員工由於在公司對高階主管不敬而職場失利的經歷。[3]當時，公司CEO克里斯·阿爾奇克（Chris Altchek）針對員工提出將某個特殊假期納入Mic彈性休假的提議，作了積極回應。

當時，阿爾奇克對《泰晤士報》記者說：「包容和尊重對Mic來說非常重要。」公司有一位員工對這樣的陳述不滿意，認為這不足以表達誠意。在小組會議上，她指責阿爾奇克有一個該說的詞沒有說出來。

「是什麼詞？」阿爾奇克問。

「是『對不起』，」她說，「我沒有聽到你對此道歉。」

當著大家的面指責老闆的過錯，這位員工光顧著享受即興的痛快感覺，而忘記考慮不尊重別人會對自己產生的影響，後來那位員工就無法在公司工作了。現在的企業文化變得更為寬鬆，溝通也變得更加自然、自發，但依然需要保持敏感度。

對管理層的尊重應該是什麼樣子？每當我想到這個問題的時候，我就會想起黑莓公司的高階人力資源業務合作夥伴（HRBP）經理瑪麗・亨特（Mary Hundt），她在黑莓已經工作數十年。她公開承認黑莓面臨著挑戰，但她尊重CEO約翰・陳（John Chen），認為約翰・陳和他帶領的高階管理團隊正在使公司變得更好。她說：「我們相信領導者將帶領我們度過危機，而不相信公司領導者的人會傳遞負面訊息，這將降低我們的士氣。」

尊重高階管理層是否意味著拍上司馬屁？一點也不是。最好的員工並不是那些擅長阿諛奉承的員工，而是與上司進行建設性互動的員工，這並不意味著對老闆進行猛烈批評，如此只會縮短你在一家公司的工作年限。尊重管理層表示知無不言、提出新觀點、提出有利於公司和老闆能達成目標的建議。此外，非常重要的一點是，尊重管理層還意味著能夠理解自己提出的想法並不總是會被採納。當領導者支持高階管理層時，他們會表現出對高階主管的尊重並鼓勵他人也能這樣做，這將會形成一個更強大、更團結的組織。

尊重你的同事

成功的領導者是具有團隊精神的人，這意味著他們無論說話還是行事都會表達出對團隊成員或同事的尊重。尊重別人的人是指，在會議上傾聽別人的意見、不在別人談話的時候打斷他們、可以委以機密訊息、總是寬宏大量以及以積極正面的態度評論別人的人。他們給他人的觀感和感覺都很好。

曾經有一位客戶來找我，原因是她經常發現自己和公司同事陷入攻擊性對話。她說：「因為我到了公司後他們感覺受到威脅，所以他們對我非常生氣，我感覺就像俗話說的，嗨，別抱怨了！這就是生活。」她很難向同事表達尊重，後來我和她一起努力，重新思考即興談話的腳本，站在同事的角度而不是自己的角度說話，並且使用更多的合作性語言。在當今的商業機構中，你需要領導整個組織，如果你希望別人能和你一起工作並跟隨你，你就必須向他們表示尊重。

領導者也會遭遇挑戰，因為下屬也需要受到尊重。對那些習慣提高聲調指責別人錯誤或缺點的老闆來說，這也許很難，但這些習慣性的行為是一種糟糕的當下領導方式。不尊重下屬會表現出不信任他們、對他們授權不夠。一家大型跨國公司正在進行公司重組，副總裁在會議中和下屬說：「輪到你們了，說說吧，縮小組織規模的最佳途徑有哪些，如果你們說不出來，我會幫你們想。」他的意思是，他不確定他的團隊是否有能力拿出答案，如果他們不能，他就會提出方案。他不僅是在威脅他們，而且根本就不尊重他們。

即使在公司之外，你也要對同事表示尊重。假設你下班後出去喝酒，席間大家提到了公司裡的某個同事，並發表喜歡或不喜歡這個人。任何對同事的批評或任何形式的詆毀都會弱化說話者的專業身分。如果你想被視為領導者，就應該避免這樣的評論，甚至可以把這些時刻看作是領導力時刻，你可以和大家說「咱們換個話題，說點別的」，或者針對被大家輕視的同事，談一些你認為他具有的優點。

越來越重要的是，在我們多樣的工作環境中，每個人都應該具備尊重不同背景者的包容性思維。（即使幽默地）嘲笑別人的缺點或迎合偏見，都會使人陷入危險境地。房間裡有女性員工在場，卻統稱員工為「夥計」（you guys）就是考慮不周。現在正是收回偏見、尊重每個人的時候。

作為領導者，你能做些什麼來加強同事和團隊成員之間的尊重呢？你可以為公司建立標準。多年前，加拿大有一家林業產品公司長期業績不佳，公司董事會聘用了一位變革型CEO來改變公司文化、提高業績。該CEO強調尊重是核心價值觀，他明確告知員工，對於背後說長道短或惡語中傷他人的行為，公司實行零容忍。這個規定帶給公司文化強烈的影響，該公司一位前員工說：「這樣的公司文化讓你感覺更安全，感覺自己是有道德的、負責任的公司的一分子。」

尊重你自己

成功的領導者會為自己塑造一種一貫積極、可信的「個人品牌形象」，當他們感到脆弱、疲憊或不安時，他們不會削弱自己。然而，我們卻常能聽到人們說對自己不利的話。這種自我貶損傷害了自己的形象和名譽。

通常當我演講或授課的時候，我會要求志願的觀眾到前面來接受指導。有一次，一名女性志願者走上台來，在二百名觀眾面前，練習如何與公司的CFO即興交流溝通。那天，她鼓足了勇氣，大家都為她鼓掌。但她三十秒鐘的對話卻充滿了對自我的貶損，她說：「嗨，羅布，我是凱倫。你可能不記得我，但我曾經在財務部吃早餐。我不知道你是不是已經發現，但對我們來說卻真的是大開眼界。我們法務部的人對財務目標與我們目標之間的關聯一無所知，但現在已經不同。所以，我很高興我們參加了這個活動。」

一個本應該改變她在主管心中地位的對話，她卻暗示了以下幾層意思：⑴她沒有姓氏（一定要用名字和姓氏來介紹自己）；⑵她不值得被人記住；⑶她的團隊在會議前處於「黑暗中」，對會議內容一無所知。所有這些消極的言論都不必要。第二次演示她有了很大的提升並且有更多的自信。

尊重應當成為即興談話的核心價值。要做到這一點，必須把它作為我們思維的一部分。尊重自己及他人的人擁有積極正面的風格，讓人印象深刻。加拿大保險商Great-West Life的執行副總裁兼CHO（首席人力資源官）格蕾絲．帕倫波（Grace Palombo）告訴我說：「有幾位高階主管以他們自己為例向我展現如何把話說得更好，即使是很難說出口的訊息，他們的傳達方式也帶著一種優雅和親切感。令人難以忘懷的是他們說話的方式讓人感覺體貼、友善。」這種嫻熟的風格不像衣服一樣你想穿就可以穿上，然而它顯示出「尊重他人」是領導力的核心。

辦公室是我們學習和實踐尊重他人的好地方。作為領導者，有責任使公司以及和我們一同工作的人更具實力、更有能力。激勵他人並讓大家同心協力不僅需要令人讚嘆的想法，還必須向大家表現出尊重並認同他們的擔憂。這樣做，你將擁有願意聆聽你的聽眾以及渴望追隨你的員工。

第
3
部

領導者的談話腳本

讓我們正視面前的嚴峻歲月，懷著舉國一致為我們帶來的熱情和勇氣，懷著尋求傳統、珍貴道德觀念的明確意識，懷著老老少少都能因恪盡職守而得到問心無愧的滿足。我們的目標是要保證國民生活的圓滿和長治久安。

——富蘭克林・羅斯福

第八章

做好準備

二〇一六年四月，加拿大第二十三任總理賈斯汀．杜魯道宣誓就職幾個月後，訪問了安大略省滑鐵盧市圓周理論物理研究所（Perimeter Institute for Theoretical Physics），並宣布五千萬美元的資金支援。參觀完研究所的設施後，杜魯道召開新聞記者會。一位記者開玩笑地請他解釋一下量子電腦，令人驚訝的是杜魯道欣然接受記者的請求，簡明清晰地對量子電腦發表了演講。[1]

他的談話被瘋狂傳播，甚至他的崇拜者都對此驚訝不已，正如《浮華世界》（*Vanity Fair*）中的一篇文章所述，「你夢中的男人賈斯汀．杜魯道在新聞記者會上就量子電腦發表了即興演講」。[2]杜魯道為什麼能夠獲得如此多的讚譽呢？答案很簡單，他準備得太出色了，甚至可以說是精通一門專業技術性很強的學科，而這也大大增加了他的可信度。

本章共有六個部分，將和讀者討論如何為即興演講精心創作腳本。我們將探討為什麼「做準備」是數百年來即興發言最基本的要求；討論為什麼了解相關主題和該領域大量關鍵訊息非常重要。簡而言之，讀者將跟隨我們學習為談話腳本打造扎實的基礎。

著名演講家為即興演講做準備

當「即興」（off the cuff，英文直譯為「脫離袖口」）一詞在一九三六年首次出現時，它本身就包含了「要做準備」的意思。這個詞與很久之前人們的習慣相關，那時候人們喜歡在襯衫袖口上記筆記，然後在說話時照著袖口讀。而政治家、演員和詩人長期以來也一直使用這種方法，把他們的發言稿記在一次性的紙製袖口上。[3]

現在人們雖然已經不在襯衫袖口上記錄了，但這並不意味著演講不需要事先準備，我們發現歷史上最優秀的演講者都是花大量時間做準備的人。

公元前四世紀，古希臘有一個叫作狄摩西尼（Demosthenes）的偉大演講家。人們常常要求他在大會上說話，但他不會馬上發言，他要等到自己對大家正在討論的問題有了想法之後，才會發言。他解釋說：「我相信為演講做準備的人是真正富有民主精神的人，雖然這種準備並不總是意味著逐字逐句寫下自己要說的話、精簡出觀點，然後再分享，準備代表的就是對聽眾的尊重。」[4]

小說家馬克・吐溫（Mark Twain）也強烈認為一定要為即興談話做好準備。一八七九年，他在田納西州陸軍協會的一次會議上發言，他說：「今天晚上我還沒有聽到糟糕的演講，我也不打算提供這個機會給你們。如果有時間並得到允許，我會繼續發表精采演講。但每次的精采談話我都要花幾個小時來準備，對此我從來沒有開心過。」[5]

前英國首相溫斯頓・邱吉爾也認同為即興發言做準備的價值。有個著名的例子，有一次，邱吉爾要去發表演講，坐車到達目的地後，司機為他打開車門，他卻沒有馬上從車上下來。

「我們到了，長官。」司機說。

「請稍等，」邱吉爾回答，「我還在看我的『即席』演講稿。」[6]

一九四八年，哈瑞・杜魯門競選總統，他喜歡簡明扼要地演講，競選期間他體認到了做準備的力量。與大部分前任競選者不同，杜魯門不喜歡正式競選演講，但他深知即興演講需要做大量準備。[7]

現在看到演員在奧斯卡之夜發表演講時，我們知道很多人都事先做了準備。如果什麼都不做，直到上領獎台要發言了才隨意演講，那麼他們絕不會表現出如此棒的口才。如果仔細觀察，我們會發現有的演員甚至手裡還抓著皺皺巴巴的演講稿。

像史蒂夫．賈伯斯這樣的商界領袖同樣會為即興演講做充分準備。

在《大家來看賈伯斯》（*The Presentation Secrets of Steve Jobs*）一書中，卡曼．蓋洛（Carmine Gallo）指出：「大量的練習讓賈伯斯可以在說話時不用草稿。他在展示產品時，小心地遮住筆記，不讓觀眾看見，但他從來不會逐字逐句地唸出來。」[8]

現今的商界領袖如果在向團隊、客戶或其他人發言前稍作準備，就會獲得很好的結果。一位年輕有為的銀行家告訴我，有一次，在英國倫敦舉行的產業會議上，她發現一些潛在的客戶機會，「於是我離開了會場，」她說，「運用很短的時間準備了一個非常簡要的產品介紹。我匆忙地在一張名片背面記了幾句話，然後很快將綱要記在腦子裡。結果非常有效，現在我們在歐洲有了兩個新客戶。」

雖然每位演講者說話時都很像是「即興」的，但其實他們都事先做了很多練習，準備了不同形式的草稿。無論準備時間有多長，三週、三天、三分鐘還是三秒鐘。積極運用時間組織想法非常重要，這樣你就能夠傳達領導力。

保羅．瓦里說得好：「只有當一個人真正了解演講主題，而且已經完全準備好要講話的時候，在演講時跟著感覺走才是適宜的。什麼都不準備就跟著感覺走很容易讓自己陷入尷尬的境地，到時候你只能胡亂說一些你不了解的東西。」

事實上，毫無準備的發言會損壞自己的名聲，演員克林・伊斯威特就是一個例子。二〇一二年，他在一次大會上發表即興演講，那次發言造成了很不好的影響。當時他即興設計了一個滑稽短劇，劇中他和一個空椅子對話，假裝一位總統坐在那裡。即興表演中的他看起來又傻又怪，不僅弄錯了數字還說一些汙言穢語。「我不能讓這位總統對自己這樣做」他對一群尷尬不安的人說。發生這次愚蠢行為幾年後，他說，自己的人生中最困擾的就是那次「傻事」。他為了一個短暫的即興時刻，付出了很大的代價。[9]

只要做好準備，即興演講的表現就不會太差，就能避免尷尬。你不必像克林・伊斯威特那樣站在一個大講台上，也不需要面對媒體或很多員工。記住，每次說話都是一個潛在的領導力時刻，而花些時間做好準備將能使你以最大限度運用這個機會，發揮影響力。

了解主題

準備即興講稿的第一步是了解要講的主題。如果你想作正式演講或ＰＰＴ簡報，應當記錄下這些重點；如果你要進行即興演講，相關的知識訊息就需要先儲存在腦子裡。一般來說，這些知識大致可以分為三種形式。

首先是學科知識。人們期望你表現出對正在討論的話題有扎實的知識背景。例如，如果你經營對沖基金，那麼你需要掌握相關訊息，知道該基金在哪些預定時間進行哪些投資、產業中發生的變化、未來前景，以及歷史數據的趨勢線等等。資訊每天、每小時甚至每分鐘都在變化，因而無論是在會議、走廊、午餐會還是在產業會議上談話，我們都需要掌握最新知識。

確保講述正確的事實，否則會損害你的信譽。一位客戶告訴我，他還清楚地記得一位銷售代表由於混淆事實，結果損害了一個重要的客戶關係。「在和這位大客戶溝通的時候，他提出的統計數據完全不對，我知道數據錯了，而客戶也知道。我們很丟人，」這位高階主管還說，「在即興情況下，人們經常被熱情掌控大腦而無法清晰地描述事實，或者根本不知道事實是什麼。」聽眾期望你能夠提供準確資訊，而混淆事實的談話會帶給自己很大的風險。現今，面對媒體，那些闡述清晰、表達流暢且語言優美、風度優雅的政治家令人難忘。他們的談話讓人不得不深深敬佩他們學識的淵博。

其次是一般知識。越博覽群書，在科學、政治和體育的發展方面越與時俱進，你的想法會越豐富，你的演講就越有說服力。不是每個人都可以與懂得量子電腦知識的杜魯道媲美，但廣泛地涉獵知識將使你更有能力應對新情況，並借鏡他人的智慧。在本書後面，你會讀到當人權鬥士小馬丁．路德．金逝世時，羅伯特．甘迺迪（Robert Kennedy）對他的悼詞。在這個即興談話中，甘迺迪引用了他所熟悉的希臘詩人埃斯庫羅斯（Aeschylus）的優美詩句，這為他令人動容的演講增加了思想的深度。如果你也有喜歡的詩人或作家，不妨引用他們的話提升你的演講內容。

最後是經驗知識。最棒的即興演講者還會在演講時講述一些個人經歷。小馬丁．路德．金的「我有一個夢想」演講在很大程度上屬於即興創作，它展現了作者的生活理念。美國賓州大學政治傳播教授凱瑟琳．霍爾．米森（Kathleen Hall Jamieson）說，「這種雄辯的口才來自他對修辭的掌握，來自他表達自己聲音和人民信念的能力，以及為了使聽眾能夠親眼目睹他所經歷的世界而進行的不懈努力。」[10]

豐富的經驗知識，會在我們面臨工作挑戰時為我們提供幫助。格蕾絲．帕倫波提道：「你需要做好準備，應對即興情形。現在出現的很多問題都和我三十年前遇到的問題類似。沒有明顯的好辦法時，我會回憶過去，考慮當時類似情形下，我是怎麼處理的。」

綜上所述，準備即興演講首先要確保有扎實的知識基礎，還需要有不同領域的廣泛知識和經驗。

牢記領導力訊息

準備即興演講還意味著牢記關鍵的領導力訊息。馬克．祖克柏在這方面做得很好，他講的話總是「在點上」，他的核心訊息和使命就是：「賦予人們分享的權力，讓世界更加開放和互聯。」[11]以下是他接受採訪時說的話。

- 建立第一版臉書的原因，是當時在哈佛的我和朋友們都需要……一種與我們周圍人保持聯繫的方式。
- 為形成全球共同體，為把人們聚集在一起，為讓所有人都有發言權，為不同國家、不同文化間的想法觀點可以自由交流，我們贊成人人互聯。
- 互聯互通將使每個人都能夠獲得互聯網帶來的所有機會。
- 我們十年發展藍圖的重點是建立技術，讓全世界每個人都有能力與任何他們想要分享的人分享。

● 現在每個擁有臉書帳號的人都有發言權。[12]

祖克柏究竟是如何做到訊息表達一致的?答案很簡單,就是透過思考並與他人交談,這也正是領導者建立核心訊息的方法。[13]這樣可以使訊息一致、清晰、令人信服,從而提升即興領導力。

作為韓福瑞集團的創始人,我心裡總是縈繞著一連串相互交叉和關聯的訊息,其中的核心訊息是幫助領導者提升溝通能力,而其他訊息則屬於這個核心訊息的支援訊息。例如,我們告訴客戶,我們將幫助他們「帶領每次發言」、「透過和整個組織的各個層級進行強有力的溝通,來達成帶領」;在我們網站上可以看到,「我們唯一的重點就是幫助客戶溝通,並帶領每次溝通」,這個重點會貫通在本書的全部內容裡。

如果領導者能夠成功地表達關鍵訊息,那麼在公司中工作的每個人都會思考和談論同樣的訊息。這也是為什麼當我收到一位新員工寫來的信時,感覺特別激動的原因。信上說:「我很榮幸能成為公司一員,一起追尋您二十五年前制定的公司願景,就是不斷地向領導者傳授將每一次溝通都作為施展影響力、啟發他人的機會。」這就是關鍵訊息的力量:啟發接觸到這些訊息的人。

無論你所在的組織、團隊如何，一定要寫下關鍵訊息和其他支援訊息，並且將這些訊息刻在腦子裡，每次談話時都引用它，這些將構成你即興演講草稿的基礎。

這些步驟將有助於你對各種即興情況做好準備。所有出色的即興演講者都會事先做好準備、建立扎實的知識基礎，並牢記關鍵訊息。一位客戶解釋：「最好的即興情況是當我做足準備，當我熟知相關素材，無論你把我放在什麼情況中，我都能脫口而出。」

第九章
了解聽眾

我心裡總是有兩個聲道在同時播放，一個聲道播放著我正在想的東西，另一個播放著我認為聽眾想要或需要的或他們期待我講的。於是，我的一半思考專注於我自己的聲道，另一半思考則停留在和聽眾共鳴的地方。

保羅·瓦里認為，在收集整理思緒的同時，了解聽眾非常重要。如果我們想以正確的方式傳達正確的訊息，那麼「雙聲道」就必須在我們心裡不斷地播放。只在談話的時候了解聽眾是不夠的，還應當在談話前、談話中和談話後了解聽眾。

了解聽眾：談話前

在與聽眾面對面之前需要花點時間對他們做一番分

析。斯圖爾特．福曼向我解釋說：「我告訴職員，你必須把自己放進聽眾的腦袋裡，你得知道困擾他們的是什麼，什麼對他們起作用、什麼沒用，他們的熱門話題是什麼。」了解聽眾將使你能夠觸及他們的內心，所以得問自己「他們對我要介紹的想法有什麼興趣？」、「我需要勸說他們改變想法嗎？」、「如果是這樣，我最好的策略是什麼？」

評估聽眾的知識水準至關重要。談話需要從解釋基礎知識開始嗎？還是他們對這個問題已經有深入的了解？加拿大安大略省公務員養老基金（OMERS）的負責人阿德奧拉．阿德巴約（Adeola Adebayo），她從老闆那裡學習到很多了解聽眾的技能。她告訴我說，她正準備與高階管理人員對話，她自己具備很多專業知識，但老闆說不應該假設高階管理人員和她有相同的專業基礎。「你可以這樣看這個問題，」她的老闆說，「就好像你有博士學位，而你的聽眾在這個領域還處於小學階段。」「所以我就按照這個原則做了準備，」她說，「當然還是有一些專業術語不可避免，例如EBITDA（未計利息、稅額、折舊及攤提前的利潤）和負債淨額等，我用拆解的方式為大家簡單地解釋，例如『這個數字越高對我們來說越糟糕』，或者我會在圖表中顯示度量標準，並解釋當這條線上升的時候代表情況不好，而當它下降的時候代表情況是好的。」

提前了解聽眾會讓你意識到，當中可能存在與你想法迥異的人。談話前需要確定談話的目標對象是誰，不一定會是高階管理人員，可能是一位同事或客戶。問自己如下問題：「在這一群人裡我是在和誰真正對話？他們同樣重要嗎？是否有些人更重要一些？」你必須要思考，你是在向誰尋求支持，誰會做最終決定。當然，還要關注周遭的其他人，只把注意力集中在老闆一個人身上是危險的。即便你非常想得到老闆對計畫的批准，你也需要和其他人保持眼神接觸，不能讓人明顯感覺你只是在和某個人談話。

如果你的目標對象是一個人，就要盡可能地多了解這個人。我身邊曾發生過一件事。一位商業領袖受邀赴宴，他在去之前仔細研究了主辦這次活動的CEO簡歷。在大家互相介紹時，他走到那位CEO身邊說：「你是菲爾吧，是這家公司的創辦人，對嗎？」他讚揚CEO的成就，還簡要地提到了他事業中的一些里程碑。這位CEO後來告訴我說：「他事先做了準備工作了解我的情況，這件事讓我留下了深刻的印象。這樣的準備真的讓人很驚喜。那次見面後，他可以隨時打電話給我，不管是白天還是晚上，我很樂意為他做任何事。」

事先分析聽眾會讓我們知道如何可以講得更好。假設你是薪資經理，新的薪資計畫剛剛獲批，與同事談這項計畫時，你需要為不同的同事量身準備不同的訊息。例如，與團隊溝通時，應該強調該計畫的好處；和主管溝通時，應著重於你如何讓這項計畫被獲批；與高階管理人員交談時，要說明新計畫在吸引和留用人才、建立公司人才庫方面的作用。只有清楚地了解聽眾，才能進行更好、更有針對性的談話。

了解聽眾：談話中

當你站在聽眾面前時，一定要對會場的狀況多加留意並作出相應的反應。在說話時，一定要記住以下的問題，這些問題會引導你更加了解聽眾。

聽眾在聽嗎？仔細留心聽眾的參與度和他們的注意力狀況，以確認自己是否觸及他們的內心。假設你正在向一組同事介紹產品，發現大家的注意力渙散，這時務必改變說話策略。同樣，如果拿著一本產品介紹手冊和客戶溝通，結果發現客戶不斷翻閱手冊而不注意你說話，這時候就要想辦法把手冊拿走。瑪麗．維圖格對我說：「我曾經和一位導師合作過，他可以非常巧妙地避免產品手冊對談話的干擾。他有能力獲得委託人的信任，他會說，『你看，這本手冊裡有大量的產品實際情況介紹，但我想告訴你的是，為什麼我們認為這筆交易值得做』。」

觀察會場內大家的肢體語言，如果看到聽眾靠著椅背坐、一直擺弄手機、或彎著腰坐在座位上或雙臂交叉，我們應該馬上改變說話方式，否則會失去聽眾的注意力。而如果他們的眼睛緊緊盯著你，他們的身體轉向你，他們的臉部表情生動，可以確定你說的話觸及了他們的內心。

哪些觀點有吸引力？留意會場，確認大家抓著不放的那些想法。艾倫・康韋博士告訴我，每次走進教室，他都會小心留意教室裡的情況：「環顧一下教室，學生的想法狀況決定了我要以哪種方式講課。就算我事先做了準備，我還是想和學生即興聊聊。這在很大程度上取決於學生，他們的參與讓我對他們的知識領悟情況有具體了解，而我也會回應他們的觀點，並填補他們缺乏的知識或未領悟的內容。」

商務會談也是如此，需要了解客戶在想什麼，並把自己的觀點建立在他們想法的基礎上，這樣才能和客戶有一個更穩固的協作式討論。比方說，向客戶介紹產品要先理解客戶的想法，可以詢問客戶自上次見面以來是否有什麼變化。如果對話建立在客戶的想法上，我們就會從他們那裡得到更多支持。除了留心會場內的思想流動，還要留意是否存在觀點衝突，並盡力解決這些衝突。

有怎樣的組織文化？每個組織都有特定的文化，這種文化定義著人們互動的方式。文化可以是正式的、非正式的、競爭的、合作性的、家庭式的或者部落式的。對文化要有敏感度，並在此基礎上決定即興互動方式。道明銀行集團（TD Bank Group）副總裁托妮．法拉利（Toni Ferrari）非常重視她所在組織的文化，她指出：「我們集團擁有非常注重合作的公司文化，總是做會場裡最聰明的人或者總是當唯一發表意見的人並不是件好事。做集體決定一定要考慮每個人的想法，這一點非常重要。因此，每次在我提出建議做決定前，我一定會問大家是不是每個人都表達了自己的意見。」

另一方面，在彼此競爭的公司文化環境中，我們不需要對每個人都友好，更重要的是，關注如何變得「厚臉皮」以及如何自信、有說服力地展現自己的想法。當然這並不是說要抨擊別人，我們只是做自己而已。不過，這可能意味著挑戰別人，也被別人挑戰。在這樣的文化中，平時發言要表現自己的信念和自信。了解組織文化規則（不管是在自己的公司還是談話對象的公司），這對我們的成功至關重要。

除此之外，對全球文化差異也要保持敏感度。如果你正在參加全球視訊會議，一定要留意與會人員的習慣用語。一位副總裁曾告訴我說，他的老闆在日本曾發表過一次即興談話，他是這麼開始講的：「我們必把油門踩到底（全速前進）」，每個人都困惑不解，然後他繼續說：「我們必須把球打出場地（做到最好）」。這些都是棒球比賽的常用語，他這麼說是因為自己酷愛棒球，而聽眾根本就不明白他講話的含義。第二天下午，副總裁不得不向與會者解釋老闆的談話。

組織的政治現狀如何？儘管現在的組織比以前更加扁平，但機構中依然存在著頂層和底層，以及二者之間的中間層。員工不應當對高階管理者低聲下氣或阿諛奉承，而應當尊重他們擔任的職務和他們在決策中扮演的角色。這意味著承認他們的觀點，認真傾聽他們的意見，按照他們說的行事，並表現出適當的尊重。在挑戰他們的時候，切記不要採取對抗的方式。事實上，這個原則適用於任何對話雙方。

位居高階的領導者也需要意識到權力的動態變化，不要讓團隊成員不敢參與決策。一位副總裁說：「如果討論的時候我在場，團隊就會把我講的內容當作最終答案，而不願意表達意見。所以我有時會故意對大家說，『和大家一起進行腦力激盪，我希望大家都來挑戰我，提出自己的想法，因為我還沒有答案』。我們面臨兩個選擇，要麼讓團隊成員表達觀點展現他們的領導力，要麼我們對一切問題都表達意見而阻止成員思考。」

男女員工表現如何？了解會場還需要注意性別的動態變化。與男性相比，女性在說話時更容易被打斷，[1]男性通常聲音洪亮、自信、飽滿，女性也經常主動讓男同事上台講話。我們建議應當平衡兩性的發言機會。如果有位女士保持沉默，但你知道她頭腦反應迅速、是關鍵決策者，那麼就去徵求她的意見，主動要求她發言。如果你發現會場有人控制了大家的討論，就可以提出會場還有人沒有機會發言，你想聽聽他們的意見。只有每個人都參與進來，整個會場才能更加活絡。

了解聽眾：談話後

不管是介紹產品、社交活動談話、對員工進行正式談話、參加求職面試，還是走廊的快速交談，即興談話之後都要問自己如下問題，「我對聽眾是否了解」、「我對情況是否做了正確解讀」。這些事後評估非常重要，是我們提升演講技能的好方法。

我曾經和一位副總裁一起工作，她告訴我說，她的老闆不僅鼓勵她在重要談話之後反思，而且在每次與客戶見面之後也要進行反思。「所以，」她告訴我，「我開始問（內部）客戶，他們是否覺得我了解他們的需求，當其中一個人說『其實，你還可以做得更好』時，我感覺自己可能存在一些問題。當他告訴我原因，我發現的確是我誤解他。最後我們終於彼此理解，他說我在講『你應該這樣做或者那樣做』時說得太快。我決定聽從他的建議，六個月後，我從他那裡開始得到正面回饋。」

總而言之，一定要多方位地思考問題，就像立體聲，一個聲道立足於自己的想法，而另一個聲道留意聽眾反應。要成為一個偉大的即興演講者，就一定要在談話前、談話中和談話後了解你的聽眾。

第十章

談話腳本範本

阿爾西達馬斯是公元前四世紀時期的雄辯家，他認為即興談話非常重要。在其專著《論詭辯家》（*On Composers of Written Speeches*）中提出，與正式帶講稿的演講相比，即興演講需要更多的技巧。他寫道：「如果一個人花了很多時間準備正式演講稿，現在又讓他作即興演講，他的內心會充滿無奈、徬徨和困惑。」[1]因而，阿爾西達馬斯認為，我們應該提前在內心組織自己的演講內容。[2]

這真是明智的建議，無論你離發表演講還有一小時還是五秒，一定要計畫一下自己要說什麼。當然能準備到什麼程度與你有多少時間有關。記住在任何情況下，事先收集、整理自己的想法非常重要，千萬不能毫無準備就上台發言，不能想到什麼就說什麼。這種跟著感覺走的說話方式對於領導者來說非常不合適，會導致聽眾的「徬徨」和「困惑」，正如阿爾西達馬斯所述。

本章介紹領導者談話腳本範本。這是一種在即興對話中組織思考的範本，由韓福瑞集團開發。這種範本可用於所有的培訓。

領導者談話腳本範本介紹

本書介紹的範本簡單易行，範本包括四部分，以說服的基本原則為基礎。[3]下圖顯示了該範本的主要內容。

以下為大家介紹如何使用範本。

第一，**用「抓手」來吸引聽眾**。抓手內容可以是對聽眾友好的問候，或是對前面討論的引述，或是延續某人的觀點。本書第十三章將詳細討論抓手。

談話腳本範本

★抓手：

★重點：

★結構：

1.

2.

3.

★呼籲行動：

第二，陳述重點。這部分涉及你的觀點，是即興談話腳本的核心所在。本書第十一章將探討談話重點的作用和內容。

第三，建立結構。這部分為令人信服的談話重點構思案例，並提供明確、有說服力的論據。請參閱本書第十二章有關結構的討論。

第四，以呼籲行動結束。談話重點要轉化為行動，這部分的談話有喚起行動的作用。本書第十三章將對此進行詳細探討。

這個包含四步驟的範本可以幫助談話者引導聽眾思考，並有力地說服聽眾。一定要把這四步驟刻在腦子裡，在每一次即興發言時都使用它。

範本介紹

現在你可能想知道，「面對某種具體情況，我怎樣才能真正使用這個範本呢」？

假設你正在準備一次求職面試，一定要記下腳本的關鍵要素。從抓手開始，對面試官說一些親切的話以及對自己能夠候選這一職位表示感謝。接下來是重點部分，即為什麼你相信自己是很棒的候選人。說完重點，提出你認為自己適合這個職位的幾個理由。最後以呼籲行動結束，詢問下一步的安排是什麼，並表達自己很高興成為職位候選人。這些要素如果事先寫下來並記在心裡，將會在實際面試中為你的即興表達提供線索。

再來舉個例子，假設你馬上要和老闆見面彙報計畫最新情況，在會前十分鐘，你應當快速寫下腳本的關鍵要素。抓手部分，可以這麼說：「我知道你對X計畫非常感興趣」；然後繼續說重點部分：「我想告訴你一個好消息，計畫進度非常順利」；現在需要在結構部分提出論據：分幾項說明為什麼計畫可以進展順利；最後以呼籲行動結束：你想讓老闆做什麼？或者接下來你會做什麼？

就這麼簡單。這個簡單的範本可以指導你進行任何會談和討論。如果你花時間在紙上或腦子裡記下這個範本的四個關鍵要素，你的談話會聽起來非常自然和即興。

範本應用

即興演講技巧中最重要的是構思觀點。曾有一位經理向我抱怨沒有人願意聽他說話，他告訴我：「上週我和大老闆談話，結果我說話的時候，他一直都在看郵件，甚至都沒抬眼看我一下。此外，他問我的問題非常離譜，好像試圖趕我出去。」後來分析了才知道，沒有人聽這位經理說話的原因是：他很難讓別人跟上他的思緒，他想起什麼就說什麼，所有訊息似乎都亂作一團，毫無章法可言。更糟糕的是，他對老闆的敵意不斷地增長，他覺得自己要求澄清觀點時老闆想把他趕出去。這位經理就特別需要使用領導者談話腳本範本。

領導者談話腳本範本的一個重要優勢在於：它可以幫助我們整理思緒，使我們的談話更周全。假設你是一名經理，你和一位團隊成員說：「祝你在客戶演講中有精采表現。」雖然你表達的是積極情緒，但還不夠好，你還可以表達得更到位。如果你內心有這個範本，你的話就能夠更富啟發性，例如你可以這麼說：（抓手）「非常想聽到你的演講」，（重點）「現在我們有與這位客戶建立關係的絕佳機會」，（結構）「我知道他們要選一個新的供貨商，而他們想要的產品正是我們所提供的」，（呼籲行動）「相信你一定能做到」。

無論是事先準備還是到了現場，應用範本打草稿都需要不斷地練習。如果事先知道有即興發言的機會，務必使用範本準備自己的談話架構，然後記在腦子裡，這樣到了現場只需要選擇合適的字眼。維珍集團的理查·布蘭森建議：「這有助於你將自己的觀點形成一個大致的輪廓，讓對話能夠不斷延續下去。」[4]

即使不允許事先準備，你也可以使用該範本。這就是說，你可以在說話的時候邊說邊建立腳本架構。在思考抓手時暫停；講完抓手內容後暫停，思考一下說話的核心重點；講完重點後暫停，思考結構的訊息；講完結構之後暫停，思考呼籲行動；然後再講呼籲行動的內容。簡而言之，在講完每一部分之後暫停，以便思考下一部分的內容。當你暫停時，你會看起來更自信，而你談話的腳本也會更好。

範本的可擴展性

領導者談話腳本範本的一個重要特點是，可對說話內容進行擴展或收縮，以適應不同場合。當在緊急情況下只能快速回應時，可以減少範本中的內容。

對於會議發言，可以只取抓手和重點，例如：（抓手）「我完全同意你的意見」，（重點）「我們需要加強合作」。如果說話對象是團隊成員，就需要擴展腳本並添加結構和呼籲行動。結構部分的談話可以採取更加協作的方式：⑴「我們必須互相信任」；⑵「我們需要相互分享觀點和想法」；⑶「我們應建立能反映共享知識的解決方案」。呼籲行動的談話可以是：「我們都全力以赴！」假設你想把這個簡短的腳本變成正式談話腳本，就可以在這個腳本的基礎上，把結構和呼籲行動部分拓展得更細緻。

腳本的可擴展性也可以幫你處理各種不可預期的情況。比方說，你本來打算做三十分鐘的PPT簡報，但老闆說「我只有五分鐘」，此刻你需要把報告精簡到抓手、重點、結構和呼籲行動四個部分，實際上就是三十分鐘演講稿的內容提要。如果在社交活動中你正在與人對話，你發現對方表現得焦躁不安，那麼你需要馬上精簡腳本。或者是當你乘坐電梯，電梯門已經開了，老闆走了進來，這時就需要把談話腳本減少到只有重點和呼籲行動，例如：「有件事想和你分享一下，一起喝杯咖啡吧。」如果是和客戶一起悠閒地吃午餐，可以準備好促成雙方合作的論據，但如果客戶只是想聊天，那麼就去掉結構部分的論據。總而言之，只有一個規則：無論什麼情況下，說話必須包含重點部分。

製作腳本是即興演講的重要關鍵，它能防止你喋喋不休。接下來的三章，我們將與讀者一起更深入探討腳本的組成部分。

第十一章

如何凸顯重點

說話時有重點重要嗎？絕對重要！

我曾經有一位客戶，他擔任一家大型電信公司銷售主管。當時他處於競爭一份重大合約的最後階段，不少對手公司都想為一家航空航太公司提供通信系統。合約金額高達數億美元，所以競爭非常激烈。

經過數週的技術討論，那家航空航太公司向每個投標公司提出了最後一個問題：「為什麼我們應當選擇你？用十個以內的句子回答。」大多數供應商聽到這個問題都束手無策，他們毫無頭緒：「用這麼幾個字來說明產品的價值太不實際。」他們還解釋說，這次的競標案包含二十五個零組件，當然需要更多的字句描述產品。

但我的那位客戶卻做好了準備，他早已構思好公司的訊息重點。他說：「我們是唯一令人安心的供貨商。」他向對方高階主管保證，他們可以晚上安心地睡覺，因為所有的零組件都將各就各位並運作良好。而實際上，這也正是招標公司想聽到的答案，最後他們選擇了我的客戶。這就是簡單、明確、令人信服的訊息所帶來的力量。可見，領導者談話腳本的核心是你的想法、觀點，也就是你想讓聽眾知道的訊息。

為什麼要有重點

最近我偶然發現一部非常有趣但反映現實的卡通片。卡通裡有一位老闆氣勢洶洶，坐在一張大書桌後，衝著一位壓力已經很大的員工大喊大叫。字幕打出了老闆的挫敗感：「你的論點很好，但我還是不知道你想說什麼！」[1]說話時，最重要的是要有觀點並能夠清楚地表達出來，如果連你都不知道自己在說什麼，怎麼能指望聽眾會知道！

人之所以要表達、他人之所以要傾聽，是因為有「重點」要溝通。正如瑪麗．維圖格在接受採訪時說的：「證明你有觀點至關重要。在任何會談中都有很多溝通交流，只要將重點表達清晰，無論是誰都能脫穎而出。」

說話沒有重點，發言就變成了基於訊息而不是基於想法的溝通，聽眾就會搞不清楚你提出的建議究竟是什麼，或者你為什麼要提議進行某種行動。坦白說，說話沒有重點就等於在浪費大家的時間。沒有重點，人們的語言就會充滿術語、「行話」和各種「你知道……」等贅詞。究其原因不是語言問題，而是語言背後的思緒不清。所以一定要確保你的談話內容有核心重點，而這樣做也是在告訴其他人，「這就是我的信念，這是我想讓你也相信的東西」。聽眾會感激你清晰的談話。

卓越的領導者會鼓勵他人用強烈、明確的訊息來表達自己的觀點、促進分享觀點。史蒂夫．賈伯斯就是這種高階主管的典範。一個客戶指出，「賈伯斯越成熟、自信，他就越能與周圍實力強大、有想法的管理者自信地對話，而對方在和他爭論時也感覺很舒坦。」[2] 桑德爾．皮蔡同樣鼓勵想法的流動。根據《*Fast Company*》雜誌的一篇文章，在一個半小時的會議中，皮蔡和工作人員討論了「人工智慧的力量，將Google相本和像是Google雲端硬碟（Google Drive）等其他產品整合在一起的價值，以及與應用程式使用者建立情感連結的重要性」。皮蔡充滿激情並熱烈地回應，當團隊向他展示宣傳影片時，他的回答是真誠的：「這真是太棒了！」[3] 令人信服的核心重點會為整個會場帶來「啊哈！」般恍然大悟的時刻。如果沒有這些重點，溝通可能就會因陷入技術操作層面而停滯不前。

簡而言之，領導者用觀點來引導他人。而觀點不會在你說話的那一刻不請自來，你需要事先為即興談話做好準備。

重點的特徵

出色的演講者都知道好的發言重點具備一些特徵。透過練習，你也能夠將這些必備特徵嵌入到即興談話的重點中。我們需要將以下談話腳本重點的六個特徵牢記在心。

第一，**談話重點是你的觀點**，將你的想法濃縮成一個你希望聽眾信服的觀點。你在談話時要始終圍繞這個重點。有時，演講者不是有太多觀點，就是沒有觀點，甚至連自己都不知道想說什麼。太多觀點和沒有觀點產生的結果一樣：會使聽眾頭腦混亂。

第二，**重點是簡單、清晰的一句話**。為什麼？因為如果你的訊息不止一句話，而是一個冗長且複雜的說明，聽眾就很難「理解它」。例如，你對客戶說：「我們準備隨時為你們提供幫助，我們一定可以完成。當然，我們還將和你們繼續合作。」這樣講話，你留給聽眾的重點就太多了。簡單、一句話式的重點可以這樣講：「我們確信能夠為你們提供服務。」再例如在內部會議上，你的一句話重點可以是「我們一起來制定計畫」，或者是「團隊要想實現成功，就需要更多的合作。」想想知名人物的說話重點，亞馬遜執行長傑夫．貝佐斯總結冒險行為帶來的危害時說：「實際上這是一種很隨意的期望，對失敗的期望。」[4]

第三，**有吸引力**。重點應當能夠吸引人心。如果希望聽眾信服你的觀點，那麼你需要設計好重點，讓聽眾能夠理解它、相信它，並想要跟隨它。這意味著你要了解什麼會觸動聽眾的內心。我曾問過一位剛剛加入公司的策略總監：「如果你的老闆問你，你怎麼看你的工作？你回答的重點是什麼？」他回答說：「我會說，我的目標是讓公司實現策略。」這個回答對於公司策略副總裁來說無異於是美妙的節奏。

第四，重點承載著你的信念。首先要確保相信自己的談話重點。當盧・賈里格（Lou Gehrig）在洋基體育場向球迷宣布自己生病的消息時，他將重點表達得感人至深。他本可以表示遺憾，但他卻說：「我覺得自己是世界上最幸運的人。」此外，不要用平淡的話來貶低自己或公司，一位CEO對分析師們說：「我很高興，我們交出了相當不錯的數據。」而他本可以說：「我很高興地宣布，我們這一季的表現是有史以來最佳的。」

第五，積極正面。說話重點應當能打動整個會場，確保重點包含希望、目標、可能性和成就。例如，「團隊的優異表現讓我感到興奮不已」，或者「我們達成了這項協議，是大家共同促成了這件事。」重點可以始於消極但一定要以積極因素結束，不過這並不意味著你用糖衣包裹著現實。例如，我們可以這樣說：「雖然我們面臨著前所未有的挑戰，但我有信心我們一定可以保持業界首選供應商的地位。」當說話重點中包含消極因素和積極因素時，一定要保證最後以積極因素結束，也就是說務必從消極轉向積極。你也可以在聽眾中先建立一種緊迫感（或擔心），然後再轉向更高層次的重點。

一位森林工業公司的CEO就是這麼做的，當時公司面臨非常艱鉅的挑戰，需要得到鋸木廠管理層和工會的協助。這位CEO對員工說：「已經有人催促我們拆裝鋸木廠，用駁船運到國外，然後在那裡重新組裝。」接著他又告訴大家：這是他的重點，他相信大家可以一起想出辦法，共同完美解決這件事，他會給大家九十天的拆卸時間。結果大家做到了！這位CEO的談話重點及背後的緊迫性，推動了員工態度的轉變並確保鋸木廠的存活。

第六，清晰可辨。確保每位聽到你談話的人都能夠識別出你談話的重點。通常在表達重點時，要採取強勢、明確、宣告式的陳述方式（帶著確信的語氣），以凸顯這些重點就是你的主要觀點。保險起見，你還可以用「我的意思是」、「我的重點是」、「我認為」、「正如我所見」、「我相信」，甚至「事情是這樣的」作為重點陳述的開始。

重點的力量

在領導者談話腳本中，重點這個部分是最有力量的。重點可以改變你說話的風格。它聚焦於你的想法，能夠將聽眾提升到更高境界。

如果談話沒有重點，聽眾就需要重新梳理你的說話內容，弄明白你想說的究竟是什麼。他們很可能會因為你話說不清楚而感到沮喪。以下是一個說話無重點的真實案例。詹姆士是一家石油和天然氣公司的營運總監，他在對話中告訴CEO格倫一個壞消息，雖然詹姆士一直試圖想解決問題，但他講的話讓CEO沮喪不已。

詹姆士：格倫，我來見你是因為有些不太正常的狀況，是我們都不會感到高興的狀況。情況是這樣的，在鑽井過程中，很不幸，我們的人將鑽桿卡在了井眼裡。井身不得不廢棄，其實也必須被廢棄。我們想重新鑽那口井，畢竟我們投入了一千一百萬美元，不能花了錢卻沒有可採儲量。好消息是，我們安置的最後一個套管已經做好定位，可以解決問題。

格倫：究竟是出了什麼事？

詹姆士：這是人為錯誤。本來應該把十五箱水泥倒在洞裡，但工人倒進去七十箱。我們會對此進行全面調查並寄送報告給您。

這是一個沒有重點的腳本。一大段話中沒有一句觀點明確的話。整段包含有很多訊息，但沒有核心觀點。整段話缺乏積極正面的訊息，於是消極感占上風，只要數數關於壞消息的句子數量，就能知道CEO為什麼會生氣地問「究竟是出了什麼事」。

該怎樣傳達這個消息呢？以重點為基礎的腳本究竟是什麼樣子？此處我們運用上述訊息，重組講話腳本供大家參考。

詹姆士：格倫，有時間嗎？我有緊急的事想跟您談談。我們損失了第二四〇號井，但已經找到解決辦法。

由於疏忽大意，我們不小心把太多水泥倒入了洞中，結果鑽桿被卡在裡頭。兩天來，大家想盡辦法解決這個問題，終於提出了一個解決方案。裡頭好的套管仍然可以用，從套管底部鑽一個新的洞經過被水泥卡住的鑽桿，這樣就能解決問題。一切準備就緒，就等您點頭同意。

格倫：好，就這麼辦。

修改後有重點的談話腳本有很多好處：它向CEO發出警示，提醒他有急事要說；凸顯重點且更為簡單明瞭；整個談話積極正面（負面、防範姿態消失）；它的結構很好（有抓手、重點、結構和呼籲行動四個部分）。以重點為基礎的發言可以讓我們儘快切入正題，圍繞主要觀點形成自己的腳本，從而引導、影響和啟發他人。這樣的談話讓我們看起來更加自信和更有說服力。韓福瑞集團已經對數以萬計的領導者講授如何說話有重點，而他們的回饋告訴我們，這樣做大大提升了他們的談話品質。

透過練習，每次即興演講都有重點、每次都能自然地演講，這將會成為你的第二天性。你會自然而然地想到重點，但形成重點有時可能需要勇氣，特別是向上級彙報時。一定要記住聽眾，尤其是你的上級，他們希望你說話清晰、切中要害而不要浪費他們的時間。如果你想在現今的知識經濟時代中讓人聽到自己的觀點，那麼說話有重點是一個強大的策略。

第十二章
如何說得令人信服

曾經有人評論馬克・吐溫：「不管自己『美好的大雜燴』頭腦裡有什麼內容，都拿出來給讀者，讓讀者去辨別相關性及順序」。[1]馬克・吐溫是一位極有創造力的天才，他可以說話時離題萬里，但是，如果我們也像他一樣從自己「大雜燴」的頭腦中抽取談話內容，那麼聽眾就必須拼湊我們的碎片化語言，這樣我們就很有可能會失去聽眾。因而，清晰的說話結構非常重要，而領導者談話腳本將使你的每次發言都令人信服。

結構的作用

一個合理的結構可以讓你的談話舉重若輕，它可以讓你更清楚地傳達重點。如果你對同事說，「我們需要按照客戶要求來工作」，卻不解釋為什麼，這個想法就是懸而未決的；如果你告訴一個員工，「我相信你可以領導這個計畫」，員工就會希望你對這個理由做進一步解釋，也就是需要證明和論據。因此，我們僅陳述重點還不夠，還需要提供證據鼓勵聽眾信服我們提出的觀點。也就是在提出你所相信的事物之後，還要分享為什麼。

如果已知道自己將發表談話或回答聽眾提問，那麼盡可能提前構思談話腳本，即使你不確定是否要發言，也要在紙上或腦子裡記下一些重點，以備萬一。

阿德奧拉·阿德巴約告訴我說，她每天需要提出多次的證明論據。她的老闆可能在大廳遇到她時問：「我剛剛讀到關於X公司的消息，我知道你正在關注這個產業，你對這家公司有什麼看法？」阿德巴約會回答：「是，我一直在留意，我們有投資X公司，這部分投資到現在仍然屬於優質投資。」但她知道只提出這個重點還不夠。「老闆會希望聽到原因，」阿德巴約解釋說，「所以我會說，其中有很多原因。」然後她提出以下訊息來證明論據。

- 首先，在我們國家，它在所屬產業中是老大。
- 其次，它產生了大量的現金流。
- 再次，雖然所屬產業波動性比較大，但它的資產變現能力很強。
- 最後，它得到投資界的廣泛認同，可以進入資本市場。

談到最後，她可能會用以下的呼籲行動來結束：「我建議增加對X公司的投資。」這就是一個很好的例子，說明如何運用有說服力的論據來回應別人的疑問。這聽起來不難，當然如果將它變成習慣，將會更簡單。

要確保有若干論據來支持觀點，而不是只提簡單話題。假設阿德巴約這樣回答老闆的問題：「我從三方面研究過X公司，包括財務狀況、石油儲備以及他們在這個產業的地位。」這種回答方式可以提供訊息但沒有結論，這樣的發言毫無意義。作為一名領導者，說話時需要採用結構來支持你的觀點。

結構的組織模式

要為論證的重點選擇正確的組織模式，而對即興演講來說這種選擇經常在瞬間發生。成功的祕訣在於運用以下四種組織模式，並為每個即興腳本選擇最好的模式。

1. **原因模式**。這種模式羅列各種原因及理由來支持主要觀點。假設你的重點是，「我相信我們需要一個更具包容性的工作環境」。

你的支持論據可以是：

- 首先，我們在招募女性和少數族裔方面明顯處於落後；
- 其次，多元化的勞動力會帶來更好的收益；
- 最後，包容性是正確的做法！

2. **方法模式**。這種模式顯示的是，為了完成主要觀點可以採取的具體行動方式，或者是必須完成的事情。

假設談話重點是「我知道我們可以為客戶解決這個問題」，而將其落實，主要透過以下方法來達成：

- 首先，我們會和客戶面談；
- 其次，我們將指派一個小組來解決這個問題；
- 最後，我們會堅持到底，確保問題解決。

3. **情況／反應模式**。當談話重點涉及某種情況或挑戰而需要採取行動時，就可以使用這種模式。首先可以描述情況或挑戰，其次可以描述如何回應。

如果你的重點是「儘管去年結果低於預期，但我們已經採取了一些步驟來扭轉局勢」，那麼接下來你可以這樣陳述：

- 不利的經濟狀況導致公司收益比去年低了一〇％；
- 但今年公司有了新產品線且成本效益比較好，應該能達到或超過預期。

4. **時間順序模式**。這種模式透過時間序列來詳細描述說話重點。如果你的談話重點是「我們已經按時完成計畫目標」，接下來結構的重點可以如下：

- 當我們啟動這個計畫時，我們說過會在三年內完成安裝；
- 第一年，我們按時完成既定目標；
- 第二年，我們提前完成任務；
- 現在，我們所有的目標都已完成。

在說完重點後一定要暫停，用一點時間思考後，再選擇恰當的結構模式。如果事先有時間考慮會更好。我們希望，決定使用哪種結構最終成為你的第二天性，談話有重點並有論據支撐，能引導你將即興談話準備的更好。如果發表即興演講，一定要按照結構模式「填入」你要說的話。

使用結構標識詞

盡己所能幫助聽眾跟上你的說話思緒。假設你要講三個理由，那麼說話時別忘記使用標識詞「第一個理由」、「第二個理由」和「第三個理由」，或「第一個」、「第二個」和「第三個」。這個原則也適用於方法模式的結構。如果你使用情況／反應模式，就可以這樣講，「所以我們面臨的挑戰是」或者「我們面前有一個很好的機會」，而回應部分可以這麼說，「我們該怎樣才能做出最好的回應呢」。如果決定使用時間順序模式，就應該對每個時間架構做標識，例如，可以採用「過去」、「今天」和「將來」，或者採用「當我初次加入這家公司時」、「不久之後」和「今天」，等等。

即興談話為什麼需要這種結構式架構？答案很簡單，因為沒有PPT簡報、沒有文字顯示「第一點、第二點、第三點」，也看不到談話內容。在這種情況下，只有這些標識性詞語能夠引導聽眾跟隨你的思緒。聽眾會由於這些標識詞而感謝你帶領他們跟上你的說話節奏。

結構如何發揮作用

這裡舉兩個例子，幫助大家了解腳本中的結構如何發揮作用。

第一個是一家諮詢公司主管向團隊成員談話的腳本，談論的是如何向客戶推銷，結構部分顯示的是如何準備推銷的發言內容。

抓手：週一我們有一個很好的機會，面對面向客戶介紹。

要點：我知道我們可以成功地做好行銷。

結構：有幾種方法模式可以幫助我們做到這一點。

- 首先，我們需要對計畫作清晰明確、讓人印象深刻的介紹。
- 其次，我們需要具體說明如何幫助客戶接觸到他們的目標聽眾。

● 最後，我們需要展示即將採取的策略，即如何讓使用者喜歡客戶的產品。

呼籲行動：所以，每個人都動起來做好功課，為簡報成功做好準備，決不讓客戶懷疑我們的執行力。

以下再介紹一個腳本給大家，該腳本使用的是情況／反應模式，是伊恩・戈登向員工們談話的真實案例。

抓手：感謝大家今天來到這裡，也很高興在這裡見到大家。我想跟大家講一個在我職業生涯早期發生的故事。那時我在聯合利華負責洗滌劑業務。

要點：我發現只有與一線員工交談，才能解決遇到的產品包裝問題。

結構：情況／反應模式

（情況）當時處理包裝的流程線操作速度比應有的速度要慢得多，總部管理人員對這個長期存在的問題感到困惑和苦惱。

（反應）與工廠員工的對話幫我們找到了解決方案：將包裝型號的數量從十四個減少到

四個。我們採納了這些建議，結果生產力突飛猛進。

呼籲行動：這個故事說明了為什麼我們需要與團隊保持近距離接觸，聽取他們的想法，並給予他們支持以便更好地完成工作。

振奮人心的領導者談話都有清晰的結構，領導者這樣做不僅是為了激勵他人，也是為了在艱難、有爭議的情況下讓大家明白他們的想法。摩根大通董事長兼CEO傑米·戴蒙（Jamie Dimon）就具有清晰的表達能力。在以下舉的例子中，他使用原因模式來應對一場記者引發的危機，這位記者偷偷參與員工視訊會議，並寫了一篇文章，揭露摩根大通準備如何運用政府資金來收購業務萎縮的競爭對手。

- 首先，我認為爆料員工的內部電話會議是不對的。
- 其次，我們還沒有收到政府的錢。
- 再次，記者引用某位員工的發言，該位員工級別不夠，無法知道我們這筆資金的用途。
- 最後，那位員工說的內容與記者的觀點是矛盾的。[2]

像這樣的談話直接明瞭並非常有說服力。學習以上四種組織模式構思講話核心重點，並加上標識詞，如果你能做到這些，那麼你的即興談話將非常有說服力。本書第四部分將為讀者提供更多例子，介紹這四種模式如何使你的演講更精采。

第十三章

開始與結束

領導者談話腳本始於聽眾、終於聽眾，也就是說開始談話的時候充分運用抓手來吸引聽眾，讓聽眾願意聽你說話，而最後以呼籲聽眾行動結束。在說話的起點和終點之間是重點的部分，重點應當有力量、能夠說服聽眾。如果你每次講話時都能處理好這四個部分，那麼每一次談話都將成為你展現領導力的時刻。

以「抓手」開始

「你一開口就征服了我！」這句台詞來自電影《征服情海》（*Jerry Maguire*）。這句台詞總結了人們從一開始就想吸引聽眾、讓聽眾參與的願望。無論是和同事、老闆還是和朋友說話，開口說的第一個字就要吸引住他們。如果你說的話沒有吸引力、沒有觸及他們的內心，那麼很可能你說話會沒人聽。對於即興談話來說尤其如此，在當今紛擾嘈雜的世界，智慧型手機、電子郵件和其他各種干擾都爭奪著人們的注意力，我們必須思考自己的談話如何在爭奪注意力中勝出，「獲得整個會場」的注意力是不可能的，甚至獲得一個人的注意力都很難，除非先認同聽眾。

有若干「抓手」的方法可以和聽眾建立溝通的橋梁，可以直接稱呼名字、說一些關於他們的事情、講他們曾經提出的某個觀點、提起曾經和他們的某次對話、詢問他們的情況或者提出他們感興趣的事物。抓手的價值在於與聽眾建立融洽的關係。**「抓手」部分不僅會隨著說話對象的不同而有所差別，而且還會隨著即興情況的改變而有所變化**。這裡舉一些例子給大家，說明適合不同情況的抓手。

如果在大廳遇到同事，抓手可以是「我正想找你呢？」或「我剛剛知道一些事，你可能比較關心，有時間聊聊嗎？」一定要當心可能偏離正軌的抓手，例如，抓手部分如果這樣開始：「艾哈邁德，你的家人怎樣了？」結果他滔滔不絕地講起他母親生病的事，或是對某位管理人員說「我太喜歡你的正式談話了」，她可能會詳細地說起她在正式談話的所有事。一定要確保抓手部分不僅能吸引聽眾，讓聽眾參與進來，還要與你要講的重點相連結。

如果你正在進行一對一談話，想要回應某個人的觀點，就要和這個觀點連結起來說，例如，「瑪麗，我明白你的意思」，或「我同意你的邏輯」，或只是簡單地說「確實如此」，而不要說「這是個很棒的觀點」，因為你沒有權力評判別人。抓手只是表示你已經認真聽取了他人的想法。每次輪到你發言，切記要使用抓手來將自己的說話內容連接剛剛聽到的內容。

如果你正在參加一個小組會議，記住要和大家正在進行的對話連接起來：「我相信我們面臨兩種可能性，要麼在現有的候選人中選擇，要麼在更大範圍內搜索。」如果你想把不順暢的討論重新拉回到討論正軌上，可以試著提出大家的共識，例如，「我們所有人都同意一點……」或「時間很短，我們需要做出決定。」無論以哪種說話方式，目的都是要觸及聽眾內心、找到大家的共同點。

如果你想和一個正在忙碌的人說話，請（而不是假設你已經）告訴他「聽我說話」。如果你的老闆坐在桌旁，眼睛緊盯著電腦，你的抓手可以是「您有時間嗎？」或者「有些事情想請教您，現在方便嗎？」如果打電話給某人，一定要先問問對方是否方便說話。

如果你的說話內容是接著大家前面的討論，那麼在抓手部分可以提到這一點。例如，你可以向老闆解釋說：「您讓我去面試副總裁職位的候選人，我已經和他談過。」在指導客戶（他是一位管理人員）時，我會這樣開場：「記得第一次見面時，您說想提升表現力，那我們開始吧！」這些開場白會引起聽眾的注意。

當你想就剛剛討論的事情發表意見時，記住要有敏感度，千萬不要以「我不同意你的觀點」或「與此相反」或（更糟糕的是）「你說的不對」，或者那種令人厭倦的陳詞濫調：「恕我直言。」相反，我們應當從更合宜的事情開始：「我理解你的想法，我也分享一下我的看法。」或者你也可以簡單地說：「是這樣，我還有一點點不一樣的看法。」切記要以積極、正面和建設性的方式觸及聽眾內心，這樣表示你一直在傾聽別人，而別人也會更願意傾聽你的意見。

抓手在事關重大的情形下非常重要。例如求職面試，你可以透過抓手部分感謝面試官對你的面試，甚至更進一步說出你為什麼對該公司充滿敬仰。多年來，我面試過很多想入職韓福瑞集團的人，我總是注意他們的開場發言是不是提及我們公司，面試一個對公司很感興趣的人會讓我更加興奮。

把抓手部分看作是一種「口頭的握手」，它讓你與聽眾建立連結、使你的聽眾想要跟隨你。一旦與聽眾連結，你就可以講述重點，而你也將繼續獲得聽眾注意力並發揮領導力。

以呼籲行動結束

領導者談話腳本從聽眾開始，也從聽眾結束。呼籲行動部分通常力求聽眾對談話重點採取行動，也可以建議聽眾介紹你打算採取的行動，或者概述大家共同採取的一些協同行動。一旦發生後續行動，你將能展現你的領導力。

呼籲行動可以採取多種形式。

第一，將話語權交給對話的另一方，可以這麼說，「我的觀點就是這些，你的看法如何」，或者是「你能完成這件事嗎」。如果是在小組會上，可以鼓勵小組成員說：「我們一起腦力激盪吧。」呼籲行動就是邀請對方繼續對話。

第二，呼籲行動可以要求做出最終決定。假設你和老闆在一起，你已經為進行計畫提出了充分理由，可以這樣說，「所以，我希望您能批准，以便積極推進這個計畫」，或（更有力）「我就當您肯定地回答了，同意我們繼續這個計畫」。

第三，呼籲行動可以介紹計畫推進或活動進行所需要的具體步驟。例如，如果你在規畫領導力訓練營，可以總結說：「所以我希望我們團隊籌辦下一屆領導力訓練營。林恩，請協調領導小組；阿比和尚恩，你們負責後勤；尼亞芙，你來決定主旨發言人。」當以平等、尊重的語氣談話時，這些「命令」可以激勵團隊更好地完成工作。

第四，呼籲行動能鼓勵他人，你可以對某位團隊成員說：「我看你對人力資源部門的工作機會很感興趣，你可以去申請。」如果有人與某個工作機會失之交臂，可以說：「還會有其他機會來找你，多留意一下吧。」

第五，呼籲行動可以傳達最後通牒。一位客戶告訴我說：「曾經有一項我多次推薦的投資，我做過多次介紹，提了不少問題，我們也解決了。第三次再提出相同問題時，我說，我希望這是最後一次談論這家公司，我們必須對這次投資做個了結，我想知道我們對此的態度究竟是如何。」

第六，呼籲行動可以激發合作。你可以要求團隊合作、分享目標或建立某種合作關係，可以這樣說：「讓我們透過更加透明的方式共同促成問題的解決。」如果你是一位經理，可以對計畫負責人說：「有任何事情請告知，我會盡力提供你所需要的任何支持。」

就像開場時的抓手部分，呼籲行動也應當盡可能吸引聽眾，不過呼籲行動還有其他作用：它將說話重點具體化，把一個抽象觀點轉變為具體的行動步驟。這會使你的談話腳本轉化為激勵性的領導力行為。事實上，前四章描述的領導者談話腳本，能夠幫助大家將每一次即興談話變成激勵他人的時刻，吸引、啟發、激勵員工行動。

第 4 部

各種場合的即興表達腳本

你在向前展望的時候不可能將片斷串連起來，你只能在回顧的時候將點點滴滴串連起來。所以你必須相信這些片斷會在未來的某一天串連起來。你必須要相信某些東西：你的勇氣、目的、生命、因緣。這個過程從來沒有令我失望，只是讓我的生命更加地與眾不同而已。

——史蒂夫・賈伯斯

第十四章

會議腳本

商業會議最消耗人的精力了。研究顯示，「繁忙的專業人員」每月要出席的會議多達六十次以上，[1]他們有大約四〇%的時間用於參加會議；[2]CEO有八五%的時間用於參加各種會議，其中包括約見、不定期會議、簡短會談、視訊會議以及其他社交活動。[3]換句話說，高階管理人員大約只有一五%的時間沒有用於說話溝通。

因此，領導者有大量的機會影響和激發他人。當別人說話時，我們應當仔細傾聽，並依他人的觀點為基礎做最後決策。當我們說話時，即使是在會議中激烈交鋒的時刻，也應當花一些時間收集、整理自己的想法。這樣做不僅會產生更好的想法、更好的決策、更讓與會者能夠有貢獻，而且在日復一日的過程中，你將為自己建立領導者的形象。

本章中的案例將向讀者呈現如何針對常見的會議場

景制定即興談話腳本。而第四部分其餘章節，將與讀者討論如何為求職面試、社交活動、電梯聊天、敬酒和致意、非正式演講以及問答對話等多個場景準備即興演講腳本。想在所有情境下成功進行即興談話沒有什麼祕密可言，做好準備就夠了。

首先，我們來看看四種常見的需要即興談話的會議情境。

計畫進度彙報

你應當能在彙報專案進度時表現非常出色，尤其如果事先知道彙報時間快到了，更要做好準備。老闆要求你彙報專案進度，遠不止「更新訊息」那麼簡單。實際上，彙報專案進度是向老闆以及在座每個人行銷的好機會，可藉此機會介紹你的工作、想法以及為什麼這計畫對每個人都重要。

在彙報專案進度時，要避免枯燥乏味、只談事實：「計畫進行了什麼、落實了什麼，我們進展到哪裡了等等。」不管是好消息還是壞消息，說了一大堆，這並不是進行專案進度彙報的好辦法。我在第一份工作中就已經明白這樣做的危險性，當時我介紹了我所負責的專案，包括各種好消息、壞消息，但不知道為什麼老闆總瞪著我。很快我意識到我的工作就是行銷計畫，並表現出專案工作盡在掌握、進展順利。

介紹專案時需要聽起來自然、即興。雖然我們事先做了準備，例如，記一些重點以便說話時提醒自己，但是準備工作最終應該要形成一份考慮周全的計畫進度報告。準備時，不管計畫處於什麼階段，都可以先對每個計畫寫一條積極正面的訊息；然後，寫下該計畫運行良好的幾個原因或幾種方式。在上班途中，先在腦子裡想一下如何表述談話重點，沒必要逐字逐句地記住要講的話（事實上，千萬不要），但我們需要在心裡打個草稿，好在介紹計畫進度時引導自己。

輪到你報告計畫進度時，記住從抓手開始。如果報告對象只是老闆一個人，可以說：「您將會對X計畫由衷地感到高興。」然後陳述專案積極正面的重點，例如「專案穩步推進，銷售額逐步升高」，一定要確保談話重點始終讓人振奮鼓舞。如果團隊表現不佳，不要隱瞞事實，但要描述這個局面將會被扭轉；如果專案的成果不如人意，那麼告訴老闆為什麼計畫會好轉。

一旦介紹完上述重點，轉移到結構部分，闡述論據：

- 首先，這個專案將幫助我們發現新市場；

- 其次，它將使我們能夠進入這些新市場；
- 再次，它將為我們提供衡量成功的指標。
- 最後，呼籲行動部分（「敬請期待」）。

這樣的談話讓老闆晚上能安心睡覺。如果將所有計畫都以這種方式定位，會展現你的領導力並建立團隊信心，但切記不要誇口或自我吹噓。當獲得成功時，我們應當懷謙恭之心，低調行事。

情況簡報

情況簡報與專案進度彙報非常相似，但關注的通常是當前情況，例如新的商業機會、最近的新措施、對經濟環境的最新解讀等。同樣，如果事先得知將作情況簡報，就可以多做準備。記住不要把太多的草稿筆記帶到會議上，我們應當把相關訊息存儲在大腦裡。如果腳本組織混亂，情況介紹也就不會順利。

我曾經和一位副總裁一起工作過，當時他將向高階執行委員會作情況簡報，他的腳本初稿內容缺乏一致性，屬於毫無觀點的資訊傾瀉，聽來枯燥乏味、無聊之至。他的腳本大致如下。

早上好，今天我在這裡為大家介紹最新經濟情況。也許大家最近在媒體上都看到了，有不少問題挑戰著我們的底線。但是，當回顧這些數據時，我們發現情況大體是積極正面的。經濟正處於復甦中，那究竟存在哪些問題呢？歐洲政局、房產市場疲軟、消費者債務……

我要求他暫停，其實我倆都知道聽眾聽完一定會感到困惑。我們一起使用領導者談話腳本對講稿做了修訂，幫他思考並找出強有力的說話重點。以下是修訂稿。

抓手：各位早上好，我知道，作為高階管理團隊，你們對公司所處的商業環境非常感興趣，我很高興為大家就經濟現狀作一個簡單的介紹。

要點：經濟形勢比較積極正面，復甦在加快，這對保險業的我們來說是個好消息。

結構：情況／反應模式。

（情況）有大量資料顯示經濟正在復甦。

- GDP正向增長。
- 零售情況在改善。
- 企業數據堅挺有力：高利潤率和高現金頭寸。

（應對）我們的投資回報已經從經濟發展中受益。

- 股票回報強勁。
- 債券組合超出預期。
- 信用品質更高。

呼籲行動：對下一季做預測時，我們應該看到這些有利的經濟形勢。

對比前後兩個腳本，可以發現變化非常之大。領導者談話腳本可以對任何想要在會議上發言的人提供幫助。可以將說話大綱事先寫下來並記在心裡。當然如果你感覺帶著草稿更踏實，就帶著草稿去會場，你可以把談話摘要記在一張小便條紙上或一張名片背後。這些準備將使你的談話更為出色。事實上，上面提到的這位副總裁，他的談話得到了執委會的盛讚，並留下這樣的印象：他是一位思緒清晰、思維敏捷的領導者。

分享觀點

在會議中，你需要分享觀點和想法。假設在過去四個月，你一直在做一個人力資源專案，或者你剛剛完成成本與費用表格審查。雖然會議日程上並沒有計畫進度彙報或情況簡報，但你需要隨時做好準備分享自己的想法。一旦有人問到你，你就能漂亮地回應。即使沒有人向你提出具體問題，你也可以透過分享觀點和想法來豐富會議對話的內涵。

在所有這些情況下，知道自己的觀點是什麼以及知道哪些論據支撐自己的觀點，會讓自己受益匪淺。假設你是位財務主管，有人問你：「請為大家講一講公司最近在石油服務產業的新投資情況。」如果沒有任何準備，你能回答的大概僅僅是公司的名字、公司業務以及你與該公司管理層的談話等等。但這些事實並不能展現你的專業知識或見解，以下的腳本具有強有力、清晰的觀點，顯然更可取。

抓手：很高興你問了這個問題，比爾。

要點：我們的確已經對Terracor公司進行了重大投資，我們認為它很有價值。

結構：情況／反應模式。

（情況）Terracor公司擁有很多資源的勘探和開發權，這些資源將在未來數年內為其所用。

目前，我們認為，市場低估了其能源儲備。與其他類似業務相比，我們認為其儲備價值應該是每桶一美元，但市場定價在每桶二十五美分，存在著巨大差異。

（反應）所以說，市場低估了Terracor的價值，因此我們投入一億美元。公司認為這是一個優質的長期投資計畫。當然，即使它被其他主要石油公司收購，我們也會有巨大收益。

呼籲行動：我們將密切關注該公司事態發展並讓你知曉最新進展。

這位演講者對主題把握到位，頭腦清醒、觀點明確且令人信服，在場有誰會反對讓這個人掌管決策呢？上述這位財務主管運用領導者談話腳本展現了自己的優勢。

上述是與我一起工作的年輕人的真實例子，我只改變了公司名稱和細節。後來這個年輕人建立了一家投資公司，在所屬產業內表現出色。他就是喬納森·布隆伯格（Jonathan Bloomberg），多倫多投資顧問公司BloombergSen的CEO。良性溝通意味著清晰縝密的思考以及優秀的口頭表述。

合作

我們有很多的時間用來應對別人，你一定也想與他人一同工作，建立合作方案。關於在會議中如何合作，《*Fast Company*》雜誌的編輯里奇·貝利斯（Rich Bellis）為大家舉了最恰當的例子，他說：「加入《*Fast Company*》雜誌社後，我注意到的第一件事就是，即使同事們產生意見分歧也可以感覺舒適愜意，他們不會將事態發展到動怒或人身攻擊。當撰稿人或編輯提出新聞事件或感興趣的問題時，這些話題往往還未經打磨。當大家提出意見後，才可以看出這些故事是否有可擴展的足夠空間。但無論如何，大家在對話中幾乎沒有什麼掩飾或隱瞞。」

「事實上，」貝利斯說，「大家談論的都是觀點和想法。最近我和一位職業作家以及幾位編輯為一個故事的標題爭論不休。因為這位作家提出了一個更有趣的關鍵詞，我提出的標題建議被換掉。然後另一位編輯說，實際上，另一個想法才應當是這個故事更好的關注點。我不同意，指出第一個想法對讀者來說才更有趣。我們最後確定的標題與之前的建議完全不同。由於大家把注意力都集中在同一個目標上，也就是為故事找到適宜的標題，誰也沒有時間去獨占或袒護任何一個想法，因此我們也沒有機會將討論變成人身攻擊。」

這也是當下領導的優秀範例。無我，無戒心，無爭權奪利，只為找到最好的想法而合作。在這種情況下，也許有人（或者所有人）會挑戰你，就你說的話提出尖銳的問題，但你不能馬上有情緒反應或就此反擊。例如，一個同事指出專案的最後期限不合理，那就聽聽他們的理由，也許他們是對的。就像上述《*Fast Company*》雜誌社的例子，除了自己的意見外，我們還需要打開心扉傾聽別人的想法。透過聆聽，將能學到更多東西。

但是，如果你認為專案截止日期是可能的，就使用領導者談話腳本來構思。切記要從表現友好態度的抓手開始（「很高興你問了這個問題，我知道截止日期看起來很緊張」）；接下來，暫停、思考並表述談話重點（「但是我保證會按期完成」）；再次暫停，羅列並表述證據點（「我們的團隊按計畫在工作，我們的技術不斷在提升並已經在運行、我們的試驗也已經成功。」）；最後以呼籲行動結束（「所以一切都按照計畫時間在進行」）。

事先針對可能的問題準備一些靈活的答案，能讓自己更輕鬆地應對會議。提前做準備能使你在激烈對話中給人留下思考縝密（及智慧）的印象。

對任何機構的領導者來說，日常會議都非常重要。會議對於領導者來說，是重中基本價值觀的機會，並能繼續推進所致力的計畫。但要想在會議上表現出色，就需要按照本章提出的方法加強技能。掌握這些技巧將有助於在日常會議中展現領導力。

第十五章

求職面試、社交活動、電梯對話腳本

在韓福瑞集團工作期間，幫助年輕人準備求職面試讓我非常有成就感。這源於一位客戶請我指導他女兒（她即將參加醫學院的求職面試）。感謝我們的共同努力，她在面試中成功勝出，被自己心儀的醫學院錄取，並獲得了急診醫學會員資格。現在她在多倫多一家大型醫院工作，是一名備受尊敬的急診科醫生。

幾乎沒有比自我推銷更重要的即興談話了，本章所討論的具體情景包括求職面試、社交活動和電梯對話。每種情況都需要針對性的腳本、準備並回答可能出現的問題，這樣做能大大改變你的生活和事業。只要問問開篇那位年輕的醫生就會知道確實如此。她夢想成為一名醫生，她的整個職業生涯都起源於珍貴的十分鐘面試，為此她精心準備並排練。

求職面試

獲得專業工作的機會比較難，我們需要為面試準備吸引人的腳本。全球人才管理公司Rosenzweig & Company的聯合創辦人傑伊・羅森茨威格（Jay Rosenzweig），建議求職面試的準備工作可以這樣開始：「找到你申請的職位的簡介，精確地比對你的條件與職位所需要的技能和經驗。」

做完比對後，就開始準備腳本，說明自己為什麼適合這個職位。如果能將腳本用句子寫下來，而不只是簡單地記錄重點，那麼在面試時你會更應對自如。寫句子的過程可以幫助你將觀點內化。

從抓手部分開始寫，可以寫感謝面試官對你的面試，顯示你對面試官有一定的了解，並且對公司很感興趣。然後寫下關鍵重點（例如，「我相信你所尋找的和我能做的貢獻之間匹配度很高」）。接下來，寫出結構部分的論據，假設你正在申請一家設計公司的職位，你的論據部分可以這樣寫：

- 我的教育背景使我可以勝任這個職位；

- 我是經驗豐富的設計師，我所具有的技能正是你所尋找的；
- 我曾是創業者，而你在職位描述中提到有這方面的要求；
- 我的價值觀將使我能夠成為公司文化中有力的帶領者。

上述每一點都有可能在面試中詳細討論，因此要確保準備好這四點詳細內容，如果你針對每一點都有對應的經驗案例則會更有幫助。

最後以「詢問下一步是什麼」結束：「我對這次面談感到很愉快，我期待未來能在貴公司工作，接下來的步驟是什麼？」

現在需要把腳本內化。在面試時不一定必須按照草稿逐字逐句地講述。畢竟，你一定不想一走進面試現場就主動按照腳本開講，這樣會顯得太強勢而且自以為是。最好的辦法是面試官引導談話，而你從腳本中抽取內容來回答。例如，他可能會說：「請說明你為什麼對這個職位感興趣？」這時你就可以運用抓手和重點部分的內容（我對公司很感興趣，我覺得我很合適那個職位），然後再詳細解釋。在面試過程中，當面試官提出問題或你想表達自己的想法時，就要繼續從腳本中抽取內容，另外，腳本中的經驗案例也可以用來回答問題。把腳本牢記在心，你會聽起來（並且本來就是）充滿自信。這樣就不會留下遺憾（該死，我當時如果提到這件事就好了）。

為了做好準備，還需要寫下可能會被問到的問題和答案，讀者可以繼續參閱第十九章的相關技巧。

準備工作有多重要？答案是準備決定一切。正如傑伊．羅森茨威格所解釋的，「有一些候選人，我以前就認識他們並且知道他們的條件非常符合應徵條件，但由於某些原因，他們缺乏推銷自己的技巧。」準備工作可以將候選人強大的背景轉化為有力的自我行銷，並且最後在面試中勝出——獲得錄取通知。

社交活動

社交活動中的自我推銷也很重要。準備好腳本，將幫助你在這些社交聚會中抓住機會。**集體活動**。準備參加集體活動時，首先，要弄清楚自己為什麼要參加，自己想從聚會中獲得什麼。只簡單地建立「新關係」並不是好答案，還要思考這些關係能給你帶來什麼。活動前，需了解哪些人會參加，你對其中哪些人所在的公司或所處職位感興趣。如果有這樣的人，那麼他們就是你參加活動的目標人物。你可以先在領英（LinkedIn）和其他社群媒體上查找這些人的個人資料。我認識一位高階主管，他說：「每次在參加活動前，我都會在領英上查可能也在場的人，然後留言給他們，『我想和你談談，我們到了現場聯絡』。」

你想對目標人物說什麼，可以事先寫下來，把簡短的腳本記在腦子裡。如果已經確定好了目標，想想自己要對他說的話。例如想針對職業發展諮詢某位高階主管，你可以走近這位高階主管，然後等到他與別人的對話暫停時再開口說話，從重點部分開始：「我真的很希望您能幫我決定我的職業生涯下一步該如何走。」

然後具體列舉以下三點論據。

- 您對公共關係領域非常熟悉。
- 我想告訴您，我的職業目標。
- 此刻，我非常需要一位像您這樣的專家幫我出主意。

最後以呼籲行動結束：建議兩人一起喝杯咖啡並聊聊下一步的行動。

接近目標人物的時候，要有很強的敏感度。我一直對自己的社交能力有信心，但是多年來我也學到了一些重要的經驗教訓。我曾參加過一次非請勿入的社交活動。那天，我到現場後，恰好看到一位我認識的CEO正與一群同事和崇拜者交談。我見到他很高興，於是我走近他們喊道：「嗨，吉姆。」我想我們彼此認識，他會暫停談話來跟我交談。但我真是很天真，他似乎沒有注意到我，為此我感到自己很愚蠢。所以參加社交活動時，必須戴上外交面具，選擇想與之交談的人，但一定要等到他們有空和你說話的時候再上前打招呼。

為社交活動做好準備，會帶給你信心並幫你找到聚會目的。一位副總裁對我說：「我發現閒談非常耗費精力，除非是有目的的聊天。如果毫無準備就交談，我就會覺得自己迫不及待地想結束談話。但是如果事先準備了，談話就會變得很順利。」

一對一社交。有的社交活動規模較小，例如你單獨與人見面尋求職業指導或建議的活動。同樣，參加這樣的社交活動也需要有焦點，並知道自己想從這次談話中獲得什麼，而這也將有助於你準備腳本。

要從最優秀的人那裡獲得最好的建議。伊恩．戈登告訴我：「我並沒有參加很多社交活動，但人們主動聯絡我。我總是問他們，你想從這次談話中獲得什麼？你想要職業建議嗎？你想要在Rolodex（一種索引卡片系統）上聯絡我嗎？你想獲得一個想法？你從我這裡想要的是什麼？很多人不告訴我他們想要什麼，他們只是出現在我面前。我只能嘗試著猜測他們想要的是什麼，然後告訴他們我能做些什麼。」

戈登還說：「有個人做得很好，他到我的辦公室跟我講了他的童年經歷，隨後便打開了對話的話閘子。然後他進入主題，詢問我在業內的關係，因為他正在找工作。我介紹很多人脈給他，而他和所有這些高階主管都取得了聯繫。應他的要求，我還找了一位CEO和他面談，而實際上這位CEO介紹更多的人脈給他。那次談話的效果真的非常好，半個小時內他就得到了自己想要的東西。」

尼克．帕倫波（Nick Palombo）是一位年輕畢業生，是我一位客戶的兒子。最近，我和他一起工作，他的經歷證明了一個人必須非常專注才能抓住一對一社交的機會。尼克和我說他對聯合國維和行動感興趣，這也是他在研究所的重點學習領域。於是我幫他安排了和加拿大駐聯合國大使馬爾克—安德烈．布蘭查德（Marc-André Blanchard）會面。布蘭查德大使看到了這位年輕人很積極，就將他介紹給加拿大皇家騎警國際警察總監芭芭拉．弗萊里（Barbara Fleury）。

尼克為這次會談做足準備，他深入了解加拿大在聯合國的角色（並且也非常明白自己的條件）。他告訴我，「我已經透過網路了解弗萊里女士，找到了很多關於她的資料。如果我最終能有機會加入聯合國維和行動，那麼我想成為她那樣的人。」尼克熱情洋溢、開誠布公地談論了自己的職業理想，弗萊里女士聽完說：「因為你想做我所做的工作，所以你來找我。」他毫不畏懼地回答：「是的，我希望有一天能勝任您現在的職位，我來這裡的唯一原因就是要學習應該採取什麼行動來實現我的夢想。」她提供尼克中肯的職業建議，並為尼克選擇職業發展敞開了大門。這次成功約見的祕訣在於尼克知道自己想要什麼，也做好了準備，並抓住了機會分享自己的職業理想。

電梯對話

第三種自我推銷方式是電梯對話，也叫電梯行銷，包括推銷你自己、你的部門或公司。電梯行銷指的是一系列溝通對話的方式，其中只有一部分真的發生在電梯裡。因而，電梯行銷是一個比喻，指的是發生在任何地方的任何短對話，通常談話對象是職位較高的人。把任何短對話比喻為電梯行銷很恰當，因為乘坐電梯就像坐雲霄飛車，對話的時間很短。電梯行銷包括快速與關鍵人物例如高階主管、團隊成員、客戶、上級、老闆進行的對話。與其他即興談話一樣，事先準備好電梯行銷腳本能使成功機會最大化，雖然大多數電梯行銷不可能完全提前準備好。因此，記住關鍵的領導力訊息很重要，當需要時就可以在其基礎上快速準備簡短腳本。

自我推銷。電梯行銷為提升自己的聲譽或個人品牌提供了極好的機會。假設你正在乘坐電梯，恰好公司CEO走進來，此時電梯裡只有你們兩個人。收集、整理想法，然後介紹自己（你剛剛加入公司，為自己從事新社群媒體策略工作而感到自豪），再提出兩三個重點。電梯門打開了，而你已經完成了一次重要接觸。如果你表現得不錯，CEO會記住你說的話，當然也會記住你。

這樣的自我推銷策略也可以用於會議、招待會或在咖啡廳的會面。我有位客戶經常在買咖啡的時候遇到公司CEO。她可以簡單地說聲「早上好」或「今天交通很塞」，但她沒有這麼說，有時她會分享自己在公司的工作、她引進的投資以及事情的進展。有些人可能會認為這樣的自我推銷是不是很唐突，會讓人反感，當然可能會如此，所以選擇什麼時候說很重要，但是，哪個CEO不願意聽到員工出色的工作？而我這位客戶與CEO的對話，事實上也證明了有助於她的事業發展。

正如一位經驗豐富的人力資源高階主管對我說：「當想發展事業時，必須要知道你希望人們記住關於你的訊息是什麼，或許是你正在找工作，或者你是在職狀態，或正在為另一個機會重新定位自己。歸根結底，當人們轉身離開時，你想讓他們記住你的什麼訊息？」

「每次都表現相同的訊息嗎？」我問那位人力資源高階主管。

她說：「隨著時間的推移，隨著每次社交機會的不同，行銷訊息也需要不斷調整。例如，某人是人力資源部負責人，如果他想成為董事會成員，就必須改寫電梯行銷腳本，把自己當作潛在的董事會成員來行銷。」

不管遇到什麼新情況，深思熟慮之後再寫腳本非常重要。最佳腳本都包含領導者談話腳本範本的四個步驟。以下介紹一個優秀範例給大家，一位女士在研討會上這樣介紹自己。「大家好，我名字叫埃斯特爾．瓦蘭科特，在紐約ABC銀行擔任副總裁，負責人力資源工作。我的職責是為員工創造一個積極的工作環境。我已經在銀行工作了四年，我非常喜歡我的工作。」

這個簡短的腳本包括抓手、重點和呼籲行動，因而足以作為簡短介紹。如果想講更長時間，可以在結構部分羅列一些論據。瓦蘭科特女士可以這樣闡述：「我的工作領域主要有三個：⑴確保公司有支援性質的文化；⑵為員工建立可行的職業發展路徑；⑶使我們銀行在員工福利方面遙遙領先。」每個人都應該有類似的電梯行銷腳本，但記住要隨不同情況而調整。

行銷你的團隊（或小組）。電梯行銷還可以展現你的團隊和你們正在進行的計畫。雖然這些行銷只能間接提升你的團隊，但終將有助於你的職業發展。有位客戶是一家大型科技公司的CFO，他告訴我，他準備了針對不同公司高階主管的電梯行銷腳本。他這樣做是因為，有一次他在電梯巧遇公司CEO，結果忘了分享團隊一直在做的激動人心的計畫。他腦子裡準備的每一次「行銷」都是為了推進團隊工作，假如他看到公司總裁走進大廳，他可以迎上去問：「下個月我們舉行團隊會議，您能來講幾句話嗎？我們對新策略完全認同，大家很想聽您分享。」

電梯行銷可以幫助職業生涯的發展。在推銷你的部門或小組時，你會給高階主管留下一種印象——即使在忙碌中，你也是積極能幹的人，總是在思考和協調事務。比方說，一位年輕的經理與公司大老闆恰好乘同一部電梯，大老闆剛剛在女性會場發表演講。年輕經理受到演講的啟發，對大老闆說：「我參加了今天的活動，很喜歡您的談話。我想跟您約一下，就您會上提出的問題討論如何跟進。」此時，電梯門打開了，她抓住這個時刻對大老闆說：「如果您覺得可以，我會儘快寄出會談邀請給您。」假設回答是「好的」，她將有機會了解這位大老闆，並得到指導，進而推動團隊正在進行的工作。

電梯行銷是贏得大老闆尊重的極好機會。但是像這樣的談話並不完全是在當下發生的，這位年輕經理在遇到大老闆之前已經有這些想法。當機會來臨，她就能抓住。這就是有準備的思維和腳本所產生的力量。

如果做好了準備，那麼每次與高階主管的電梯行銷都將成為討論團隊工作的機會。例如，對銷售人員可以說：「我一直在考慮找一些新客戶，想聽聽你的看法。」對話不能停滯不前，如果同事看起來比較熱心，那麼走出電梯後還可以與他繼續對話，繼續完善自己的想法。

行銷公司及產品。第三種類型的電梯行銷是推銷公司及產品。人們會經常說：「對那個產品進行電梯行銷。」其意思是，「三十秒內說服我為什麼要投資你們公司或者買你們的產品」。不過，這種行銷通常不會發生在電梯裡。但是，「電梯行銷世界巡迴賽」曾在位於多倫多的加拿大國家電視塔（CN Tower）舉辦，邀請企業家到擁有世界上最高電梯的加拿大國家電視塔，當他們乘電梯去頂樓時，向投資者做公司介紹或產品行銷。現今，電梯行銷比賽在全世界的各種電梯裡進行，一名參賽者和一名裁判共同乘坐電梯，裁判傾聽整個行銷過程，而投資者會為最後的勝出者提供種子基金，支持他們公司的發展。

還好，我們向潛在客戶、投資者或合作夥伴推銷公司或推廣產品時，不必真的坐電梯跑到高處。但是，如果我們希望業務蓬勃發展，就必須擅長電梯行銷。電梯行銷是一種藝術。

默里・威格摩爾告訴我說：「我們公司在推行電梯行銷，而我是堅信者。我們每個人都有產品或其他的東西需要行銷。那時，我訓練公司的銷售人員如何進行電梯行銷。優秀的管理人員無論與誰交談，都能確保對方離開時已了解想讓他們知道的訊息。優秀的管理人員會問自己『我想讓他們從這次談話中記住什麼』或『人們為什麼和我做生意』，而在電梯行銷中則要回答『你能幫我們解決什麼困難』的問題。」

威格摩爾跟我講了他和同事幾年前的一個故事：「我們當時在多倫多舉行高階主管會議。會後，我們去露天平台和鄰桌團隊（包括一位行銷總監）聊天。我們想活絡氣氛，就問是否可以在他們面前練習一下電梯行銷，還邀請了那位行銷總監擔任裁判。行銷總監指著一位對他進行電梯行銷練習最多的同事說，『我肯定會從她這裡買產品』。這位行銷總監以前對我們公司一無所知，但是電梯行銷卻改變了他。」

「勝出的電梯行銷有哪些優勢？」我問道。威格摩爾回答說：「(1)簡單明瞭；(2)沒有產業術語；(3)關注產品帶來的價值。」

你可以在電梯對話中充分運用短暫的會面傳遞核心訊息。如果處理得當，電梯對話就將會使你的職業前景更光明、凸顯你的團隊成就，並推廣你的公司及產品。

總之，自我推銷是任何組織獲得成功的主要手段，它有助於展現你的願景和技能。準備強而有力的即興腳本，能幫助你出色地應對求職面試、社交活動和電梯對話這三種關鍵情境。

第十六章

闡述重點

我認識的一位管理顧問受邀在礦業大會上發言，與一百多位高階主管交流互動。這是一個很多人夢想的任務，它將帶來潛在的業務機會。這位顧問事先準備了需要講三十分鐘的演講稿，主持人在介紹他出場時對他高度讚揚。但在他即將開始主題演講時，他被告知暫停一下。當時正是棒球賽賽季，會場的高階主管們想觀看世界棒球大賽決賽，他們告訴該顧問說，看完第九局比賽後再發言。

等到大家看完比賽，只剩下十分鐘發言時間。這位顧問走上講台，盯著自己的講稿，努力地挑選與投影片上的訊息匹配的句子。他的演說充滿了「呃」、「啊」、「我會跳過這張投影」、「我不確定還有沒有時間詳細說明這一點」之類的話，他越來越緊張，發言也越來越不連貫，聽眾對他感到失望和尷尬，而公司最後也拒絕支付他作為專家出席會議的費用。

我們經常面臨類似情況嗎？會議召集人或主管告訴演講者時間有限，「說說重點就行」。這些話讓演講者太緊張了。

到最後一分鐘才通知你把長篇演講變成簡短發言，遇到這種情況就需要依靠本書所討論的練習方法。這也是公元前五世紀希臘的一位演講家，來自倫蒂尼的高爾吉斯（Gorgias）所展現的能力，他「為自己能根據任何情況調整講話的長度而自豪，並聲稱能夠以極其簡短的方式或最詳細具體的方式談論任何問題」。[1]（但根據柏拉圖的說法，高爾吉斯更擅長長篇演講而非簡短地談話。）精簡的確很難。

以下簡要介紹如何縮減現場演講內容。

我們時間快不夠了——簡短發言的「陷阱」

假設本來你有三十分鐘簡報時間，但當你即將開始的時候，被告知「能縮短到五分鐘嗎」，或者是你準備了一個五分鐘的投影片報告，卻被告知在二分鐘內介紹完畢。

最糟糕的做法是快速把整個報告講完，慌忙地想弄清楚什麼該講和哪些要刪，採用這種方法往往會講得特別快，時不時略過一些投影片，說「這個不重要，不講了」或者「跳過這張投影片吧，我們不講。」聽眾會覺得他們沒有受到重視，或者疑惑為什麼你事先把不重要的投影片放在PPT中。而會後，高階主管們會記住你沒有達到他們的預期。

現場準備微型演講稿

更好的辦法是發揮你的即興技能，當場準備簡短的微型演講稿。有三種方法可以幫你做到這一點。

第一種方式：放棄投影片，講述你的思考內容

這種方法是講述你的關鍵想法而不用投影片。如果使用領導者談話腳本來準備演講稿，就能包含即興演講中吸引人的所有元素：抓手、重點、結構和呼籲行動。如果臨時被告知時間減少了，就要告訴聽眾，你會直接重點講述關鍵訊息。

阿德奧拉．阿德巴約在一次演講中被要求縮減時間，她便採取了這種方法。她對聽眾說：「在幾分鐘內，我將和你們分享我的觀點，細節請參見簡報檔案（隨後將提供給你們）。我也會很樂意和你們在會後單獨聊聊。」然後，在開場的抓手部分後，她縮減內

容，解釋說：「……這是我希望我們投資的領域……這就是為什麼我認為它是一個好的投資……這是我認為應該採取的行動。」她繼續按照領導者談話腳本來講：「……這就是我所相信的（重點）……這就是為什麼我相信它（結構）……我們應該如此行動（呼籲行動）。」她所講的都是任何微型演講稿應該具有的內容。

準備是即興演講的關鍵。阿德巴約解釋：「你必須知道要講的東西，並且要徹底掌握。會議之前，事先準備三十分鐘的演講內容。準備好之後還需要知道重點內容是什麼。」事實上，最好準備簡介提示卡，以防時間有限只能講重點內容。在第一張卡片上寫下談話重點，在第二張卡片上寫下第一項論據，在第三張卡片上寫下第二項論據等等，最後一張是呼籲行動的內容。還應當針對每項論據，在卡片上列出一些統計數據。這些卡片就形成了微型演講稿。

不使用投影片做簡報有很多好處，正如我一位客戶告訴他的團隊：「說話重點比投影片更重要。因此，請放棄投影片，告訴我你相信什麼，以及我為什麼也應該相信。」別人請你來分享想法，而你的想法可以透過這種方法被聽眾接收到。

第二種方法：選擇關鍵投影片

第二種縮減說話的方式是：講述簡報檔案中幾張關鍵投影片的重點內容。在準備簡報檔案時，製作一個符合領導者談話腳本的大綱，包括抓手、重點、結構和呼籲行動。這些內容在準備視覺資料之前就需要做好，然後圍繞這個腳本設計視覺資料。如果時間不允許，就只使用投影片講述。

以下是具體做法。播放投影片1（標題投影片）的同時講述抓手部分，例如你可以說，「根據大家要求，今天就公司重大投資方案向大家做報告。」然後播放投影片2，這張投影片應包含說話重點，可以說，「這個報告最重要的一點就是……」；接下來講述結構部分的論據，可以為每個論據做一張投影片，或者如果只有五分鐘時間，就用一張投影片列三個小標題、論述三點內容（確保簡報檔案具有這樣的投影片）。最後，以呼籲行動結束演講，告訴他們你要求他們做什麼。

除了完整版本的投影片報告，一定要把這個包括四至六張投影片的微型簡報檔案另存為一個單獨檔案，以備不時之需，這樣也能避免點開那些沒時間介紹的投影片。

第三種方法：只闡述重點

有時候你甚至沒有時間介紹任何一個版本的簡報檔案，老闆的時間緊迫，他說：「我必須趕快離開，你說說重點就行。」還有些時候，你會發現聽眾只需要最簡單的檔案版本。默里·威格摩爾早年在惠普公司時就遇過這樣的情況。

那時，他剛剛在蒙特婁的麥吉爾大學（McGill University）以「超越實驗室的生活」作了主題演講。在演講中，他詳細描述了如何將應用科學帶入商業世界，正如他自己的職業生涯一樣。演講結束後，有位教授來找他，說：「我有一個非常有才華的學生，他正在考慮繼續科學研究，但他又有創業精神，他想聽聽你的建議。如果你有一點點時間，是否可以和他談談他為什麼更適合攻讀MBA，而不是追求博士學位？」

威格摩爾告訴我：「那時，我必須把二十五分鐘的演講內容濃縮為幾分鐘的訊息，傳達給一個即將按照我所說內容去發展自己人生的年輕人。這也是我最鼓舞人心的即興談話。」

有時候，你也會遇到類似情況，需要為某個人精簡你的說話內容。這些情況通常是走廊對話、電梯聊天或客戶會議。所以，一定要記住你想傳達的重點是什麼。

做好準備，用本章所述的三種方法縮減簡報檔案。如果你能做到這一點，不管你有多長的說話時間，你都可以在任何時候用自己的想法說服他人。

第十七章
敬酒詞和致敬詞腳本

我認識一位高階主管，他想在午宴上向一位即將退休的員工（克里斯）發表談話以示敬意。他向團隊詢問了關於克里斯的一些軼事，然後圍繞這些故事作了即興談話。午餐快結束的時候，他站起來說：「克里斯是一個讓人難忘的人，有的同事會記得他上班遲到的事，另一些人可能會記著他愚蠢的幽默感，還有的同事會記得他身為『派對狂』做出的滑稽可笑舉動。」這位高階主管對每一點都做了令人尷尬的詳細描述，最後說道：「所以我們會永遠記得你，克里斯，記住你恨不得忘記的那些事情！」

每個人都笑了起來，克里斯笑得最響亮，但沒有人在心裡真正地笑，他們為克里斯感到難堪，為高階主管以及提供趣事的人感到難堪。

即使你想在敬酒詞或致敬詞時風趣幽默，也絕不能讓幽默取代領導力。必須始終遵循以下指導原則，會有助於我們讓聽眾心情愉悅。

準備得體的敬酒詞和致敬詞

得體的即興致意或敬酒詞的「配方」很簡單：保持積極正面、做好調查、使用領導者談話腳本。

保持積極正面。在思考敬酒詞或致敬詞時要保持積極正面。通常，在說話過程中幽默風趣沒什麼問題。幽默可能會讓你精采的婚禮敬酒詞令人難忘，但一定要慎用幽默，不能有挖苦和諷刺的意味。上述那位高階主管的做法（收集並講述讓當事人尷尬的故事）就是錯誤的。如果這位高階主管能花一些時間仔細想想克里斯留給他的印象，然後從自己的思考中記下一些積極樂觀的訊息，以及證明這些訊息的事例，他的談話聽起來會更加真誠、更打動人心。若在很多人面前的說話內容帶有侮辱意味，會讓人很長時間都記著這件事。所以，要好好找找自己內心對致敬對象真正的、正面的感覺，然後在說話時始終講正面訊息。

做好調查。不管你的演講技巧多麼出色，你都需要收集最精采的素材。對讚美對象的了解遠比空洞、恭維的話語更讓人印象深刻。沒有人會對一般性的評論留下深刻印象，例如在婚禮上敬酒時說「瑪麗亞是一個很好的人，我們都喜歡她」，這樣的敬詞會讓人無聊地打哈欠，別人甚至會猜測你可能並不認識新娘。如果缺乏足夠的訊息，可以詢問朋友或同事。請記住，你的任務是祝賀，而不是諷刺挖苦那個人。

即使你對你所尊重的人非常了解，依然要仔細琢磨談話腳本，篩選訊息，找出可以展現讚美對象鮮明風格的事實。還記得父親去世時我準備的談話，當時我打草稿記下：「父親喜歡摩托車、喜歡駕駛他心愛的保時捷、喜歡駕船，還喜歡為全美滑雪巡邏隊服務，直到他九十多歲依然如此。」我凸顯這些事例，來佐證父親生活得很充實。

使用領導者談話腳本。即使對於很簡短的發言，領導者談話腳本也很有幫助。不然，我們的思緒可能會到處遊蕩，我們會發現自己在現場觀眾面前喋喋不休，或者更糟的是吹噓了一些令人尷尬難堪的事情。我們一定不想向新娘致詞時說：「我們都很高興她找到了羅尼，之前她約會的人都太失敗了。」

在說話之前收集、整理想法，可以讓你避免這樣的錯誤。如果你是婚禮上的伴郎，那麼最好抽時間寫一份發言稿。如果你正在吃飯，得知你要在五分鐘內致詞，可以先問自己：「我對這個人或這件事的發言重點是什麼？」有了重點之後，再寫下一些支持論據。即使你一時衝動決定說幾句話，在想清楚說話重點之前，千萬不要高談闊論。否則，你的談話會很糟糕，就像本章開篇的例子。

在敬酒或致敬時，不必講腳本上的所有內容。我們有時可以非常簡短地談話，甚至只有一句話。這一句話就是你的重點訊息。例如，「讓我們為路易斯舉杯，致我們所有人的良師。」即使在簡短的致詞中，也該設法提到領導者談話腳本的大部分或全部內容。以下為讀者講解如何準備簡短的致敬詞。

從抓手開始。這部分應當吸引房間裡所有人，並將他們帶入你的談話主題。例如，可以說「很榮幸舉行此次慶典，表彰阿迪提對公司的貢獻」，或者說「晚上好，我知道大家很高興來參加布雷特和史蒂芬妮的婚禮」，或者說「很高興為新娘——我心愛的姪女致詞」，觀眾的心就會被你俘獲！

接下來，轉到談話重點。重點是談話中最核心的一句話，它統領整個談話內容，重點應該可信、鼓舞人心。如果是祝賀新郎，你可以說「你夢想中作為好朋友擁有的所有品格，亞歷克斯幾乎都有」，而不要說「在我所有朋友中，亞歷克斯是我最好的朋友」，如此說會冒犯聽眾中那些認為自己是你最好朋友的人。

如果是向個人致敬詞，請考慮採取以下方法來組成談話重點。

- 選擇那個人特別的品格或特質，可能是「價值觀」、「忠誠」、「奉獻」或「雅緻的情趣」。例如，「安德魯沉穩的個性一直鼓舞著我們大家」或者「迪米特里喜歡生活中的美好事物」（使他最終選擇了可愛的新娘）。
- 關注這個人帶來的影響：「很高興有機會為我們的校長格雷戈里．芒奇致詞，過去的二十年來，他豐富了大學裡眾多學生的生活。」
- 圍繞彼此的關係形成談話重點：「透過講述我感到驕傲的十大理由，我為兩家公司之間長達十多年的夥伴關係而舉杯。」
- 解釋這個人（作為導師、員工、兄弟姐妹或朋友）對你的意義：「如果說我的職業生涯中有一個我要感謝的人，那就是路易莎，一位鼓舞人心和具有奉獻精神的導師。」

如果向團隊某位成員表達敬意，重點就要關注他們的成績、合作程度或奉獻精神，選擇一個主要的特質，然後再集中講其他特質。

不管重點是什麼，重要的是有力量、令人信服。談話的其餘部分都要圍繞重點展開，確保在談話中只有一個重點。大家可能都聽過這樣的話：「關於丹的事情要說的太多了，但我只說三個。」這樣的致詞就像是一張雜貨清單，搞得聽眾疑惑究竟哪個特質才是最重要的？

還有其他特質嗎？讓人感覺這些話不太一致。

提供論據來支持重點。以下第一個例子使用組織結構的時間順序模式，第二個例子使用原因模式。

案例1：致敬詞的論據

假設你選擇的談話重點是：「哈維是一個典型的企業家。」在論據部分可以這樣寫：

- 年輕時，他不僅經營一家檸檬水飲料店，還有幾家特許經營的小店；
- 他後來去商學院學習，並創辦了公司；
- 他創立並發展了這家公司，而今晚他正在為公司慶祝；
- 我知道他有幾個想要「孵化」的點子。

案例2：敬酒詞的論據

假設在節日派對你要向別人敬酒，那麼三四個論據就足夠，而且每個論據沒必要超出一句話。假設你致詞的重點是：「節日快樂！我們有很多事情值得慶祝！」以下是你的論據重點。

- 今年對 Techco Enterprises 公司來說是非常成功的一年。
- 感謝在座各位的辛勤工作，我們已經成為產業的領航者。
- 今年我們迎來了八位新員工，而他們已經成為團隊的重要成員。
- 我們已經做好準備，明年會發展得更好。

以呼籲行動結束。在上面的第一個例子中，呼籲行動部分可以是：「讓我們為一個真正的、熱忱的企業家乾杯！」在第二個例子中，可以簡單地要求聽眾與你一起舉杯、祝酒。呼籲行動也可以更加明確，例如你可以說，「我們將非常想念薩爾瑪（即將退休），但我們希望她能夠繼續追逐成為一名業餘飛行員的夢想。」

選擇合適的時間說話。敬酒詞或者致敬詞最好是在人們快結束晚宴或是某個關鍵時刻講，例如，上餐之前。在場所有人關注你之前，你不要開始說話，可以用一把餐刀輕敲酒杯，提醒大家不要說話了，然後清清嗓子示意或站起來，吸引所有人的目光。

記住話要說得簡短、悅耳。古雜耍演員的智慧忠告：「讓觀眾看完還想看」。當然，說話也不能太簡短，否則會有不受歡迎的風險。

羅伯特・甘迺迪致小馬丁・路德・金的悼詞

甘迺迪於一九六八年四月四日抵達印第安納州的印第安納波利斯國際機場時，聽到令人震驚的消息：小馬丁・路德・金當天遇害。當時甘迺迪仍處競選期間，聚集在市中心的人們正在等待聽他的競選演講。甘迺迪心中只有一個念頭：向小馬丁・路德・金表示敬意。助手遞給他談話草稿，但據一位傳記作者說：「他把草稿塞進了口袋，開始即興演講……」[1]然後，他發表了一篇著名的悼詞。

他站在一個臨時搭建在平板卡車上的講台，發表了不到五分鐘的談話，這場談話感動了整個世界。

他的開場抓手部分讓聽眾大吃一驚：「我有個壞消息要告訴你們，我的同胞們，以及全世界熱愛和平的人們，小馬丁．路德．金今晚被槍殺了。他為他的同胞一生奉獻於愛與正義，而他也正因這個原因去世。」甘迺迪談到了由於憤怒和仇恨而行事的危險，然後開始講鼓舞人心的重點部分，並反覆強調其重要性：「在美國，我們需要的不是分裂；我們需要的不是仇恨；在美國，我們需要的不是暴力或無法無天，而是愛、智慧和對彼此的同情。對那些在我們國家裡仍然受苦的人，無論他們是白人還是黑人，都要有一種正義感。」

他引用希臘詩人埃斯庫羅斯在痛苦中產生的智慧，以令人振奮的號召結束悼詞：「讓我們為希臘人許多年前寫下的理想而奮鬥——馴服人類野蠻的天性，使這個世界變得溫暖。讓我們為此獻身，為我們的國家和人民祈禱。」[2]

這篇精采的即興悼詞立即產生了影響。儘管當時在美國其他地方還有暴動，但印第安納波利斯的人們保持著冷靜的頭腦。而這篇著名演講的片段，後來被刻在了阿靈頓國家公墓的羅伯特．甘迺迪紀念碑上。

我們很少有機會發表像羅伯特．甘迺迪為小馬丁．路德．金所致的悼詞，那樣雋永、鼓舞人心的談話，但是我們應該保持同樣的熱情，盡最大的努力來構思敬酒詞和頌詞，與甘迺迪的靈感（這種靈感來自對被追悼者的深刻理解）產生共鳴。希望大家採取行動，遵循本章指導原則，保持積極正面，做好調查，使用領導者談話腳本，這樣你的致詞也會令人振奮。

第十八章

即興談話腳本

曾經有位副總統和我合作。有一次，他受邀在商務午餐會上介紹勞工部部長，他準備了一份不乏讚美之詞的講稿。但那天部長提早到場，在指定時間之前她就開始了談話，結果副總統到場的時候，已經不需要他再介紹部長了。

部長完成主題演講後，司儀要求副總統對部長「說幾句話」。副總統知道他必須得即興談話了，於是就非常迅速地準備好適合這種場合的草稿。當他走上講台要向在場的七百多人發言時，腦子裡已經有清晰的主題，他說：「部長女士，我一點都不驚訝您今天提前到會場。畢竟，正如您的發言，您一直在快速解決該省的勞工問題。」然後副總統列舉了部長正在處理和解決的一些勞工問題，之後他總結：「感謝您今天親臨會場，感謝您提前履行對該省的承諾。」

這個簡短的談話，包括了完美即興演講的所有特色：組織到位、完全適合場合。現場思維能力以及領導者談話腳本，讓他獲得了雙贏。

令人信服的想法

最棒的即興發言是針對一個觀點反覆闡述。這方面，和其他形式的即興演講相似，即興談話會隨著說話重點而跌宕起伏。你可能像那位副總統一樣，只有很少的時間收集整理想法，但仍要問自己：「我想留下什麼關鍵訊息給聽眾？」副總統的談話從抓手部分（「對於你提前到達我並不感到驚訝」）自然而然地轉到了他的核心重點（稱讚部長「解決該省勞工問題」），並在最後以呼籲行動結束。一旦談話重點形成，要想發表出色的演講就很容易，你需要做的只是找出論據內容以及呼籲行動部分。

例如，你正在參加商務活動晚宴，主持人宣布說：「我們接下來會聽到卡利爾的談話，他將接受這個獎勵。」如果你是卡利爾，也許你已經在一旁緊張得發抖了，因為根本沒有想到他們會請你發言。但是不要絕望：你可以快速寫下一個重點，然後找出三四個支持論據來擴展談話重點。當你能夠整合素材、發表演講，並讓聽眾受到鼓舞時，你會為自己感到驕傲。

如果你事先知道需要發言，那麼不管採用什麼方法一定要做好調查，預備支持論據，並把這些嵌入到腦子裡，做好準備，激勵他人。

盧・賈里格告別棒球生涯的完美演講

美國歷史上的傳奇棒球運動員，號稱「鐵馬」的盧・賈里格曾是紐約洋基隊一壘手。讓人們記住他的不僅是他的球技，還有最終導致他退出賽場的病症——肌萎縮側索硬化症（簡稱ALS，又稱漸凍人）。

盧・賈里格於一九三九年七月四日在洋基體育場發表了告別棒球運動員生涯的演講。這場演講相當完美，值得借鏡。該演講也是運動史上最為動人的演講之一。盧・賈里格當時三十六歲，面對六萬一千名粉絲，他宣布因為他患有肌萎縮側索硬化症，從此告別棒球運動員生涯。起初，他搖頭表示不想說話，但是當人們喊「我們需要盧」，他終於出面發表了以下演講。[1]演講圍繞令人信服的觀點，並貫穿始末。

> 球迷們，在過去的兩週裡，你們都看到關於我所遭逢的不幸。然而，今天，我認為自己是這世上最幸運的人。

我在球場上已經十七年，一直得到你們的善意和鼓勵。

看看這些卓越的人物，你們一定都認為，哪怕與他們往來一天也是自己職業生涯中的亮點。確實，我很幸運。

有誰不認為認識雅各布．魯珀特（Jacob Ruppert）是一種榮耀？還有棒球最偉大帝國的締造者——埃德．巴羅（Ed Barrow）？以及我曾與之共度六年時光的超棒小傢伙米勒．哈金斯（Miller Huggins）？

還有在九年裡，和那位傑出的領導者、智慧的心理學學生、如今棒球界最棒的經理喬．麥卡錫（Joe McCarthy）共事。確實，我很幸運。

當紐約巨人隊是一支你極希望打敗的球隊，竟然會反過來送你一份禮物時，這的確很特別。

當每個人甚至包括球場管理員和穿著白色外衣的球僮都會記得你和獎盃時，這的確很特別。

當你有個非常好的岳母，你和她女兒吵架，她總站在你這一邊時，這的確很特別。

當你有慈愛的父母，他們工作一輩子只為了讓你能接受教育並身強體健時，這是一種幸福。

當你有位妻子，可以依靠她，她比你想像的更有勇氣時，我想這是世間最美好的。所以最後我想說，雖然我遭遇了不幸，但是我有太多值得繼續活下去的理由。[2]

創造成功的即興演講

如果你想有如打出「全壘打」一樣發表精采的即興演講，可以參照賈里格的演講範例。無論是獲獎致詞，還是從公司退休、為你舉辦的驚喜派對、慶祝生日或週年紀念等，我們都可以按照賈里格的演講範本來準備談話。以下為讀者詳細介紹如何準備。

收集整理想法。賈里格的妻子說，賈里格寫了一些談話內容，但並沒有排練或帶著草稿。[3]這樣他既避免了照稿唸會使得演講太正式，也避免了完全不準備而導致演講太隨意。如果事先知道你要「講幾句話」，就要想盡辦法調查並收集訊息，寫下說話筆記，然後把這些內容嵌入大腦，並準備好激勵他人。不管是有幾天還是幾分鐘的時間來收集、整理想法，切記要在心裡打草稿。

以簡短、個性化的抓手內容開始演講。賈里格的開場提到了當時等候在體育場的人們，你的第一句話應該邀請聽眾聆聽你的演講。賈里格稱他們為「球迷們」，賦予他們與他之間一種特殊的關係，並承認他們知道自己的病情，這與聽眾之間建立了同情連結。你在開場時也應當提及與聽眾的類似連結。例如，「朋友，你在這裡對我來說意味著整個世界」，或者「同事們，你們讓我感受到前所未有的驚喜」，或者是「大家好。哇，多麼漂亮，你們讓我如此自豪」。

選擇鼓舞人心的談話重點。賈里格的談話凸顯重點、令人感傷，「今天，我認為自己是這世上最幸運的人」。當時，體育場上的每個人都在流淚，賈里格自己也在落淚，但這句話打破了當時悲傷的氣氛，讓聽眾隨之振奮。

當你準備談話重點時，也要像賈里格一樣，以一種鼓舞人心的方式講述你的感受。這裡提供一些例子給讀者。

- 「我覺得自己是世界上最幸運／最有福氣、最受特別優待／最幸福的人」。
- 一位CEO說：「我很激動，我們公司已經轉虧為盈，可以期待新的市場機會、新客戶以及新的成功願景。」
- 一位被家人、導師和同事包圍的獲獎者說：「這個榮譽讓我感到慚愧，因為你們才是真正使我成功的人。」

● 一位慈善家說：「我相信，這個活動顯示了回饋社會的力量。」

在結構部分提供論據。向聽眾展現為什麼你相信所講的重點。賈里格透過一連串簡短而觀點明確的論據表明，在生命中有許多人讓他感到幸運。你也可以像賈里格一樣，圍繞在場的個人或團隊發表演講。假如在你的退休慶祝會上，你可以在結構部分列舉在自己的職業生涯中比較重要的幾個人；或者是在生日派對上，你可以列舉在場對你生活有特殊影響的幾個人；你也可以圍繞群體建立你的論據，例如，伴侶、家人、朋友、同事或導師等。

透過使用賈里格的語言模式，來遵循他講話範本的引導。他的談話中最讓人難忘的是以排比句展現論據。排比句可強調一些平行關係的觀點。每個排比句都用「當……時」開始，例如「當每個人甚至包括球場管理員……時」、「當你有個非常好的岳母……時」、「當你有慈愛的父母……時」、「當你有位妻子……時」，抑揚頓挫的節奏強化並提升了談話的重點。同樣，在每個排比句的末尾，他以「確實，我很幸運」的同樣語意結束，進一步增強了談話重點的力度。

如果賈里格的演講是一本書，我們完全可以抽取其中一頁來使用，可以用排比句式把所有的論點串聯在一起，增強談話重點。例如，可以在退休演講中說第一點，「我會永遠記得我的家人是如何支持我的」；第二點，「我會永遠記得同事們是如何激勵我的」；第三點，「我會永遠記得我的團隊是如何實現我最大的願望」。這種排比句會增強談話的節奏感和韻律感。

以呼籲行動結束。即興演講的最後一部分呼籲行動，可能是身體行動也可能是情感行動。賈里格演講的最後一部分是，「所以最後我想說，雖然我遭遇了不幸，但是我有太多值得繼續活下去的理由。」他想像自己將繼續活下去，雖然他知道只有幾年的時間。

呼籲行動可以採取多種形式，可以是你自己或聽眾，或者你和聽眾共同在未來進行的行動。如果你被授予卓越商業獎，你呼籲的行動可以是「朝著公司目標前進」。當大家在派對上向你祝賀生日時，你可以放眼未來，「今天周圍有這麼多的朋友和家人，我期待著更多的生日以及像今天這樣珍貴的時刻。總而言之，這難道不就是最幸福的人生嗎？」

盧·賈里格的演講展現了領導者談話腳本的原則，這則演講是一個短小、精闢但感人至深的即興發言範例。這篇談話是在「盧·賈里格感謝日」活動上發表的，是大家向朋友、家人、同事及其他人致謝的最佳範本。這個範本適用於生日、婚禮、週年紀念、退休或專案慶功會等場合。

第十九章
問答腳本

希庇亞斯（Hippias）是公元前五世紀雅典著名的演講家，他來自古希臘伊利斯城（Elis），是擅長回答問題的大師。在眾人面前，他總是能回答人們提出的任何問題。他曾經和蘇格拉底說，他從來沒有遇到過無法回答的問題。我們鮮少有希庇亞斯的自信，但最優秀的即興演講者個個見多識廣，擅長回答問題。在本章，讀者將發現如何透過做好準備、組織答案以及避免陷阱，來應對聽眾的問題。[1]

做好準備

回答問題之前的準備，和聽到問題之後的回答一樣重要。準備工作包括掌握內容、仔細傾聽，並在說話前稍作停頓。

掌握內容。對所講話題的掌握是回答問題的關鍵，包括對所屬公司、自己的專業領域、團隊、客戶以及競爭對手的了解，除此之外，還要有其他領域的基本知識。二〇一五年，馬克・祖克柏決定每兩週讀一本書，包括「不同文化、信念、歷史和技術」的書。[2]《財星》（*Fortune*）雜誌的一篇文章引用了他同事的話，祖克柏的辦公桌上常常都堆著書，「有段時間，桌上有本關於自由空間光通訊（**Free-space optical communication**）的書」。這正是臉書公司感興趣的一種技術。[3]領導者需要有大量豐富的訊息，要精通談話主題並能夠智慧地回答問題。

在準備問答時，可以圍繞問題組織自己的素材。菲爾・梅斯曼告訴我說：「與客戶打交道時，我會儘量預測他們可能要問什麼，然後把這些問題分類。舉個例子，市場發生變動（例如公司債券走高或走低）時，人們會就此提出問題。藉由圍繞問題組織訊息，我對每一組問題都有了自己的看法，並能將談話轉向我想說的話題。」如果問題（例如求職面試或接受媒體採訪）事關重大，就一定要多花點時間針對可能的問題，準備答案重點。

仔細傾聽。請務必仔細傾聽，以便可以更貼切的回答問題。海明威曾經說：「當人們說話時，要聽完全。大多數人從來不聽別人說話。」

聽問題要聽完整。別人提出了問題，我們卻忙著準備答案，並沒有聽明白問題是什麼。急著回答問題會導致你可能只回答了部分問題，甚至曲解問題。你回答的可能只是你所認為的問題，但是如果你聽完全，可能會聽到提問者在最後說「我真正想問的是……」，而急著回答，你就會錯過問題。所以要把問題聽完整後，再思考答案。

除此之外，還要聽問題中的問題。有時候，對方提出的問題並不是實際上要問的問題。例如，如果你是一位經理人，團隊成員問你：「這次公司合併會裁員嗎？」真正的問題可能是：「我們團隊會受到影響嗎？」或者「我會失去工作嗎？」你可以回答潛在的問題，例如你可以說：「我不能推測公司整體的裁員情況，但我可以告訴你，我們公關部門不太可能受到影響，因為另一家公司沒有公關部門。」

在說話前稍作停頓。你可以運用停頓收集、整理自己的想法，構思有智慧的答案。但在現實中，人們往往急於回答問題。韓福瑞集團副總裁羅布．柏格—奧利維爾（Rob Borg-Olivier）說：「人們回答問題會出錯，往往是因為回應得太快，一下子就說出答案。絕大多數的人回答問題不作停頓，他們只是說、說、說，有時在三十秒內就回覆了，但往往思緒不清。」

在停頓時，琢磨一下你將如何回應。如果在準備階段你心裡已經有了大致答案，那麼你可以鬆口氣。但如果沒有，你就需要現場想出答案。在說話之前稍作停頓，你就可以有時間設計腳本，你的回答聽起來會比想到哪說到哪顯得更加有智慧。沉默不語的時刻可能會讓你感覺不舒服，但它代表你嚴肅、認真地思考了問題，暫停表示你將為聽眾貢獻詳細全面的答案。

組織答案

回答問題時需要觀點清晰，有時我們未做到這一點。麥可．路易士（Michael Lewis）在他的《快閃大對決》（*Flash Boys*）一書中，描述了布萊德．勝山（Brad Katsuyama）接受彭博新聞社的馬特．萊文（Matt Levine）採訪的情況。萊文問他：「對下一個像你一樣在華爾街工作、有了不起的想法、想改變世界的人，你有哪些建議？」勝山沒有直接回答這個問題，而是給出了包含多個主題的回答。

> 離開RBC（加拿大皇家銀行）是一個非常艱難的決定，在一家大公司工作並成為整個系統的一分子，在一定程度上讓我有種舒適感。我認為我們的社會正在變得更加透明，人們賺錢的方式也改變了。我們對努力賺錢的人沒有任何意見，那只是資本主義，我們本質上就是以獲利為目的的實體。我們是一個營利性機構，但我認為人們如何

賺錢將成為社會更大的關注點。如果人們考慮做一些與他們生活不同的事，那就想想你做事情的動機吧。如果你不相信這種動機，可以做一件與你生活有關的不同事情，而這不會像過去那樣冒險。我認為這個世界更加接受那些試圖以不同方式做事的人。[4]

雖然勝山的回答不乏有趣的觀點，但是聽眾難以把各個獨立的點連成一個簡單、一致的重點。的確，有時候，最聰明、最有見識的人會用開闊的思維方式來回答問題，但聽眾卻不知道「他在說什麼」。這也就是為什麼需要一個範本來組織你的答案。

領導者談話腳本能使你的回應更加結構化，為聽眾提供更具針對性的回答。它的四個組成部分抓手、重點、結構和呼籲行動，會幫助我們形成有力、清晰、凸顯重點的答案。以下是具體步驟。

從抓手開始。抓手可以透過以下幾種方式將問題與關鍵訊息連結起來。

- 對提問者表示認同或同情（「我們理解您的擔心並會認真嚴肅地對待這個問題」）。
- 對反對的問題不直接正面回答（「我不能對這個問題做任何評論，但可以告訴你的是……」）。

- 對負面問題保持中立（如果面試官問，「你犯過的最大錯誤是什麼？」你可以回答說，「我遺憾自己沒能早點進入這個產業」）；
- 回答事實問題。如果被問及「是／否」或事實問題，可以在抓手部分直接作答。例如被問到「你的公司去年是否進行了重大收購」，抓手部分可以是「是的，我們做了」，或者被問到「去年員工參與度分數怎麼樣？」時，你可以直接說「九〇％」。

接著講重點。如果想激勵聽眾，就需要站在更高的層次上發言。這需要採納策略——從抓手部分轉移到更高層次的談話重點上。假設被問及是否預期有新產品面世，抓手部分可以是一個簡單的回答，「是的，在本月底會有」；然後較高層次的談話重點是，「你會發現我們的新軟體將徹底改變語音識別領域」。如果被問到公司的三口新井是否已經開始生產，抓手部分可以是，「是的，已經開始生產了」，隨後的重點是，「產量超出了我們的預期」。

具有論據的結構。在某些情況下，回答問題時只說抓手和重點兩部分就夠了。例如，被問及你的背景是否適合你正在申請的工作時，你可以簡單地說：「絕對適合。我相信我的整個職業生涯都與這個職位相關。」如果你還沒有向面試官詳述你的背景，那麼這就是一個機會，一定要用一連串結構清晰的論據來支持你的觀點。

論據可以用多種模式來組織（如第十二章所述）。這些模式包括「原因」、「方式」、「情況／反應」或「時間順序」模式。例如，如果你申請在醫學院工作，被問及「是什麼吸引你從事醫學領域」，你的回答重點可以是「有機會幫助別人」，然後提出你所認為的理由：(1)你在難民保健中心工作時，內心感覺快樂；(2)你有位患慢性阻塞性肺病的祖父或祖母，你一直在照護他們；(3)你受到從事醫療工作的媽媽所鼓舞。

以呼籲行動結束。如果你是一位政治家，你可以說，「我相信選民會把我們看作是能夠恢復經濟繁榮的政黨」。商業領袖則可能會要求他的團隊「保持工作成果、繼續工作」，CEO可能會以「我對我們公司的未來和所設想的發展感到興奮」結束。不管你的角色是什麼，呼籲行動的關鍵，是建立在談話重點並闡明聽眾可相信和參與的未來。

回答的範例

我們來看看兩個結構合理的回答範例。

第一個例子是一位CEO對財務分析師提出的問題回應。分析師問這位石油和天然氣公司負責人：「公司願意花多少錢在北海鑽井？」CEO的答覆如下。

抓手：我們還沒有具體數字。

要點：但我們一直在尋找增長機會，一旦出現這樣的機會，我們會根據公司全球標準仔細評估。

結構：（論據第1點）必須在財務上有吸引力。

（論據第2點）規模適宜。

（論據第3點）必須符合公司全球整體策略。

呼籲行動：我們始終願意擴大在世界舞台上的影響力。

為什麼這個回答很棒？

- 發言者沒有推測。
- 整個回答思緒清晰，圍繞公司策略做闡述，顯示了更高層次的談話重點。
- 結構（方式模式）使聽眾感覺公司每一次併購都具有策略性。
- 呼籲行動顯示公司的成功增長會是持續的。

以下例子是員工對老闆提問的回答。老闆問IT：「你是否確定我們在系統方面的花費合理？」答覆如下。

抓手：是的。

要點：我們有嚴格監控的IT支出計畫。

結構：（論據第1點）我們只購買業務所必需的設備。

（論據第2點）我們招投標選擇價格最具競爭性的產品。

（論據第3點）我們確保每項支出為公司創造價值。

呼籲行動：所以你應該對我們的支出有信心。

為什麼這是一個出色的回答呢？

- 員工的回答沒有讓人產生防備、戒備的感覺。
- 他以令人信服的談話站在更高的層次。
- 重點清晰、簡明扼要。

● 呼籲行動鼓勵老闆要對支出有信心。

在上述兩個例子中，發言者抓住了問答的機會，站在更高層次上展現領導力。通常，提問是在徵詢更多訊息，但最好的回覆是具有啟發且鼓舞人心的回應。

避免陷阱

問答時間並不總是友好的互動時刻。很多時候，你會遇到一些很難對付的問題。在找出自己的回答重點之前，避免以下陷阱非常重要。這些陷阱容易使經驗不夠豐富的演講者，陷入困境。

1. **不要重複否定的觀點（甚至不要否定它）**。有一位政治家對醜聞指控作出的回應非常糟糕，他說「我不是騙子」。這句話一直困擾著他，使他無法擺脫。在回答問題時，不要重複問題中的否定部分。例如有人問：「你們公司的行動是不是孤注一擲？」避免回答：「不，我們沒有孤注一擲！」可以想像一下，如果媒體報導的標題是：「CEO說，沒有，我們公司沒有孤注一擲！」會是多麼糟糕。

2.不要評價問題，只要回答它就可以。我們經常聽到發言者說：「這是一個很好的問題。」這可能是一種拖延時間的策略，在為思考答案努力爭取一些時間，或者是對提問者經深思熟慮提出的問題所做的真誠回應。但不管是什麼原因，評價問題讓人感覺高高在上。你的角色是回答問題，而不是評判聽眾。如果你說有些問題問得好，是不是意味著另一些問題問得不好？只要回答它們就可以。

3.不要推測。假設有人問你具體數字，如果這個數據屬於機密，或者你不確定具體數據，那麼不要推測，你可以說：「我們還沒有公布這個數據，但我可以告訴你的是……」如果你不知道數據，可以說：「我很樂意為你查找這個數據。」

4.不要默認錯誤的陳述。如果有人對你或你公司的描述有誤，請禮貌地糾正，否則聽眾會認為它是準確的。假設某人說：「鑑於貴公司的公司文化是積極進取、善於競爭，如何解釋在高階管理人員中女性比例較大的現象呢？」回答時要先駁斥錯誤說法，可以先說「其實我們公司文化非常包容」，然後回答「開放的公司文化，吸引了頂尖女性人才進入公司」。

5.不要向提問者發問。一旦問題提出，就輪到你回應了。如果問題問得不清楚，你再給對方一次提問機會，他也不大可能把問題說清楚。所以，你盡可能地解釋一下問題，不需要進一步向提問者發問就可以回答，例如簡單地說：「我理解你是問我……」。

6.不要否定。有些時候，有人會針對你、你的公司、職業、同事或你的競爭對手，提出負面的問題（「你是說你的公司還沒有達到獲利嗎？」）。回答這種問題時不要重複其否定陳述，而要說「我們希望明年能夠獲利」。同樣，如果有的問題含有挑動或偏見的語言，回答時不要針鋒相對，而是冷靜作答，轉向更高層次的重點。闡明重點會使你遠離消極或有爭議的語言。例如，假設問題是：「如果你們距離去年預期的差距那麼大，我們還怎麼能相信你們公司呢？」答覆：「公司的業務基礎非常強大，所有這些業務正在全面進行，我們的削減成本計畫是有針對性的，公司有提前完成今年生產計畫的趨勢，所以我們完全有信心會達到今年的預期目標。」

7.不要因為聽眾提的問題實際上不是「問題」而感到沮喪。我認識一位高階主管，有人提了類似問題後，高階主管回答說：「我不確定這是問題還是陳述。」這樣的回答其實很糟糕！即使在這種情況下也要表現優雅，盡最大的努力去挖掘這個人在贅詞中可能隱含的問題並回答。

8.不要回答極端無理的問題。有時，你有可能會被問到離譜的問題，你感到非常震驚。例如，老闆可能會對員工說：「你遲到了，昨天你度過了狂野的一晚嗎？」不要回答這種問題，簡單微笑一下，轉移到另一個話題。

9.不要失去「酷」勁。當亞伯拉罕．林肯的政治對手斯蒂芬．道格拉斯錯誤地指責他的立場時，林肯開玩笑地回應說，他的對手「貌似有理的言辭」就好比「要證明馬栗樹（horse chestnut）為栗色馬（chestnut horse）」。[5]這種幽默機智的回應不僅適用於政治舞台，在商界也很適用，只要它不冒犯任何人。

發表談話是為了讓自己處於更高層次。如果聽眾想要簡單、事實的答案，可以求助智慧型手機。早在二〇一一年，IBM的Watson（一種人工智慧產品）在電視智力競賽節目《危險邊緣》（*Jeopardy!*）中就擊敗了人類冠軍，證明了人工智慧的敏捷。Watson透過「閱讀」數百萬本書累積了廣泛的知識，[6]蘋果的Siri也能回答非常多的問題。然而，領導者需要的不僅僅是提供基於訊息的答案，還必須能激勵、啟發、傳遞關鍵訊息，將他人的思想提升到更高的層面。

第5部

即興舞台

一個修養有素的人，總是渴望逃避個人生活、進入客觀知覺和思維的世界，這種願望好比城市裡的人渴望逃避喧囂擁擠的環境，而到高山上去享受幽靜的生活，在那裡透過清寂而純潔的空氣，可以自由地眺望，陶醉於那似乎是為永恆而設計的寧靜景色。

——阿爾伯特・愛因斯坦

第二十章
即興表達的排練

二〇一一年，當德州州長瑞克・裴利（Rick Perry）競選美國總統時，他在電視辯論中被問及如何削減聯邦開支，他回答說：「如果我能擔任總統，有三個政府機構，商業、教育和……呃……第三個是什麼來著？讓我們來看看。」[1]他還加了「哎呀」，這使情況變得更糟，後來另一個辯手提出了建議，但為時已晚，裴利永遠被人記住是一個忘記第三個機構而搞砸競選的總統候選人。頗具諷刺意味的是，二〇一七年，裴利被任命領導他忘記的那個部門：能源部。

因為人們不事先排練，結果不通順的現象在發言中經常出現。但這種失誤在預知的政治辯論中發生，著實讓人驚訝。畢竟，大多數候選人會對他們的談話重點非常熟悉。明智的做法是和某個人一起進行排練如何與對手辯論。無論是在政治、商業還是在個人活動中，談話都需要排練。

本章重點是即興談話排練，並簡要介紹本書第五部分的內容。排練是快速準備的好方法，一旦登上即興演講的彩排講台，我們就需要選擇語言，使用即興演講技巧並用自己的聲音和肢體語言展現領導力。所有這些話題都將在本書中介紹。

首先需要排練。成功的即興表達是一種需要練習的藝術。不管是對客戶介紹產品、求職面試、問答交流、即興發言、棘手話題對話，還是求婚時刻，大聲排練會讓你的即興談話大不相同。

向客戶介紹產品

我們向客戶介紹產品時可能會緊張不安，所以最好提前練習。當成立韓福瑞集團時，我打電話給很多CEO推銷我們的業務。這些電話推銷事關重大，有可能會為公司帶來大量業務。所以當時我打了草稿，一次又一次地排練，這些工作幾乎就是我當時的全部生活。有時候CEO沒有接電話，我就留言，解釋誰介紹我打電話的以及我為什麼想和他見面，留言中的呼籲行動部分是我會打電話給CEO助理約定會面時間。通常我都會按下重新錄製鍵再次介紹。這是一個艱難的過程，但排練發揮了關鍵作用。結果，我經常能夠約到

CEO面談，公司也在不斷成長。

對於面對面的客戶會議，我也做了同樣的準備。記得曾經有位高階主管讓我跟他的高階主管團隊對話。對我來說這個機會非常重要，如果他們喜歡我的發言，CEO就會邀請我的公司去指導他的整個團隊。前一天晚上，我仔細準備了筆記，並開車去現場排練。還記得在旅館外面，我坐在車裡大聲讀腳本，在腦子裡牢牢記住這些話。我沒有逐字逐句地記腳本，而是將思考和邏輯內化。最後的演講像做夢一樣順利，公司最後拿到了案子。

排練會讓最後的談話大不相同。熟知自己的資料會讓我們更加自信，比用模糊記憶力所說的話更有說服力。無論你是企業家、銷售人員還是團隊領導，行銷你的想法都需要練習，而排練會幫助你談話時一直圍繞著重點。

求職面試

求職面試也需要排練。我們要持續練習，直到徹底了解腳本，並能成功地回答向我們拋來的任何問題。這需要努力，但所有的付出都會得到回報。

DHR國際是全球最大的高階人力資源顧問公司之一，執行副總裁蘇珊娜・凱利

（Sussannah Kelly）經常幫助CEO候選人排練面試。她向候選人提問，並對他們的表現提供回饋。凱利說：「候選人從這些彩排中學到的東西和他們自身無關，而是他們如何能對所申請的公司作貢獻。有時候選人面試結束後說『我太棒了』，但最後他們卻沒有拿到聘書，就是因為他們對所申請的公司關注不夠。」

和我一起工作的一位領導者充分展現了求職面試排練的重要性。她已經候選CEO職位，但她擔心在面試中會驚慌失措、說得太快。她找我們尋求幫助，我與另一位同事跟她一起做準備。

我們幫她草擬腳本，然後用各種問題對她展開「轟炸」。例如，「為什麼你覺得自己適合擔任這個職位？」、「你是一個什麼樣的領導者？」、「你是怎樣處理壓力的？」我們幫助她圍繞抓手、重點、結構和呼籲行動，對每個問題都做了準備。她的回答全部來自腳本中的素材。我們還扔給她一些想不到的問題，例如：「遇到無法解決的問題會怎麼樣？談談你那時是怎樣應對的？」

接下來錄影彩排，我們注意到她的肢體語言不夠有力，她的手臂沒有伸展，雙手動作幅度小而且動作較快，語速也太快（正如她擔心的，在發言的過程中沒有任何停頓）。我們把這些觀察回饋給她，又和她練習了幾個回合。她回家後繼續練習，講話時肢體語言逐步有力，語速也放慢了。

所有彩排加起來，我們花了四個小時，她在家裡練了六個小時。之後，面試時間終於到了，而她非常順利的完成，現在她是那家公司的CEO。

絕大多數接受我們排練的人，在求職面試中都獲得了好成績，有些是學生，有些是經理人、管理人員或其他人員。如果沒有教練幫助彩排，可以請朋友、同事或家人排練。你會很慶幸自己事先進行了排練。

社交活動

遇到關鍵的社交活動，如果你希望進展順利，就得事先排練一下。韓福瑞集團副總裁辛西亞・沃德（Cynthia Ward）的故事就是一個例子，幾年前，她準備見菲利普親王殿下（Prince Philip）。當時，她在全球電信公司北電網路（Nortel）工作，該公司支持菲利普親王發起的「愛丁堡公爵獎」（The Duke of Edinburgh Awards）。有人給了她一頁關於問候王室成員禮節的說明書，並告訴她在任何情況下都應該避免接近王子。但是辛西亞想親眼見到王子並和他說話。於是她研究了「愛丁堡公爵獎」，事先確定北電網路的捐贈數額，又研究了禮節說明書。在招待會上，有很多媒體和當地政要。於是，在已經做好準備的情況下，她與王子進行了目光接觸。當他向她致意時，有人把她介紹給王子，她行了屈膝禮，然後和王子談及北電網路對王子殿下慈善事業的支持正在進行中等話題。

「準備工作是值得的，」沃德回憶說，「他還讓侍從為我倒了杯酒，我們聊起了北電網路對他慈善事業的支持。他很優雅也很熱情，我們可能會談更長時間，但他被叫走了。」

問答

問答對話有多種形式，包括講台對話、視訊會議、媒體訪談、全員大會談話、員工活動和面試。所有這些活動都需要提前排練。

越來越多的領導者傾向現場談話和媒體採訪，以宣傳自己或推銷自己寫的書、自己的想法及產品。在任何情況下，如果你對可能的問題做了準備和排練，你的現場表現就會更好。我上本書的巡迴推廣活動是由客戶公司和商學院主持，為了現場能表現更好，我準備了一連串可能的問題和答案，事先提交給主辦方。對任何問題我都不會以同樣的方式回答，我大致知道他們會問什麼以及我大致該說什麼。這使我在現場推廣介紹時更從容，從表面上看我的表現是即興自然的。

即使是深夜脫口秀節目的問答對話也是需要提前準備的。Chernin集團的史考特·布羅姆利（Scott Bromley）說：「在錄音前，嘉賓通常會和節目製作人交談，簡單提出幾個故事和笑話。對話重點會記錄在主持人桌上的索引卡上。當主持人說，『我正在做研究，我讀了……』或者『嘿，我想問你一些事情……』，這實際上是在暗示我們來談談下一個問題。」[2]

聰明的商業領袖也會為問答對話做好準備。與我合作過的一位財務主管就是這方面對話的專家，他曾為了在一個會議上有精采表現而和分析師排練。在每次視訊會議前，他都會寫下所有可能的問題，並預備簡潔、基於訊息的答案。他的準備工作很辛苦，幾張紙上寫滿了問題。接下來，我會用這些問題拷問他，我還會拋出一些「出乎意料」的問題，例如「我聽說貴公司出現了管理層混亂的現象，這是真的嗎？」或者「你們有沒有合併重組計畫？」由於大量排練，他在視訊會議上的表現非常出色。

如果你的公司決定以脫口秀形式安排一系列演講，要確保所有談話內容彼此協調一致。我參加過一次活動，發言者沒有做任何準備，他們在椅子上舒服地坐著，很放鬆，他們的談話沒有經過精心策劃。聽完他們發言，我都不知道這個領導團隊的整體想法是什麼，或者根本就沒有想法。排練後獲得真實的回饋會很有幫助。

我的建議：無論你是執行長、團隊領導者、求職面試者還是準備接受醫學院面試的學生，無論彩排教練是專業教練、同事還是家庭成員，一定要為問答對話提前排練。

即興談話

當你在一個活動中受邀「說幾句話」，你一定要事先排練。不練習的演講者可能會把事情搞砸。

有一次，我訪問墨西哥，一位歌手介紹自己是在墨西哥巡演的合唱團，他的表現就是這種情況，他事先沒有排練，其他成員也沒有跟他提意見。他當時的介紹都是關於他自己，和將要表演的樂隊或音樂無關，他的發言令所有人感到尷尬。談話結束時，他還總結說：「我將在中場休息，我希望多多了解你們，你們一定要上來跟我說話。」

如果他排練過，如果還得到了別人的如實回饋，他會介紹得更好。

即使是傑出演員丹佐．華盛頓（Denzel Washington）也會出現這種問題，他在頒獎現場由於沒有排練而講得不通順。二〇一六年，他獲得「金球獎終身成就獎」（Cecil B. DeMille

Lifetime Achievement Award），受邀到金球獎舞台上發言。他隨身帶了講稿，但他沒掌控好。他上台後說：「我說不出來。」然後請觀眾坐下，接著他提起了當時不在場的兒子馬爾科姆，又說：「我真的忘記了我應該做的一切。我什麼也說不出來。」[3]他努力照著皺皺巴巴的紙條讀了幾句話，然後開始感謝一些人。

人們並不希望在這種情況下看到演講者照著準備好的講稿唸，而是希望演講者在得知自己即將得到獎項時，能夠流暢地即興發言。而要做到這樣，只需要排練重點、照著心裡的稿子說就行。

建議：一定要在虛擬的聽眾前排練即興談話，這樣你才能精采地傳達給真正的聽眾，並讓自己免於尷尬。

棘手話題的對話

另一個需要排練的即興情況是棘手話題的對話。

我們曾經教過一位高階管理人員，她想和一位經常與同事發生衝突的團隊成員談話。她打算處理他的行為問題，但擔心這個下屬不善於傾聽。

教練詹姆士・拉姆齊帶領部分團隊成員和那位高階主管一起討論與這個同事接觸的一些方法，指導結束時她的信心大增。幾天後，她打電話給教練說：「你真是有特異功能，我與那位員工的談話幾乎完全是照著準備好的腳本進行。排練中我們進行角色扮演時，你舉起手說『我不認為這是我的問題，是別人的問題。』而那位員工說了一模一樣的話。準備工作使我不至於措手不及，並增強了我把關鍵訊息說出來的信心。整個談話過程都很順利。那位員工承諾會注意自己與同事之間的互動。」

求婚

在生活的各個領域以及各種人際關係中都有領導力時刻，那些重要的對話需要我們事先排練。

我曾經有過這樣的時刻，它改變了我的人生。當時我二十六歲，已經和一個做研究的小夥子約會一年了。當我意識到他是我完美的另一半時，我想：「為什麼要等他來求婚呢？如果更糟糕的是他不這麼想呢？」

為了一切盡在掌握，我準備了求婚筆記。抓手部分是：我們已經約會整整一年，我們彼此感覺對方就是要找的人。重點部分是：我認為我們應該結婚。結構部分的論據是：我們有共同的研究背景；我們很享受對方的陪伴；我從來沒有遇到過一個如此對我一心一意的人。呼籲行動是：我想他一定也是這麼想的，但如果他並沒有相同感覺，我們兩個人就應該各自前行。呼籲行動的最高點是我給他兩天的時間來決定。

我平靜地排練並內化我的求婚稿。我們共同度過一個有趣的週末之後，在星期天的晚上，我對他講了這些話。他很驚訝，誰聽到這些話不會驚訝呢？他承認理解我的感受，還說會考慮我的提議。第二天晚上，他來找我說：「我不確定是否已經做好現在就結婚的決定，但我不想失去你。」這是我一生中最美好的時刻。三個月後我們結婚了。我所有的生活都是透過與這個特別的男人結婚、我們的愛以及兩個孩子的愛所打造的。

我講這個故事（我丈夫慷慨同意分享此事），因為它描述了我生命中最有意義的即興時刻，它代表了收集、整理想法並排練談話的重要性。想像一下，如果我沒有做準備，很可能脫口而出的是「你什麼時候才向我求婚啊？」或者「你難道是不喜歡我嗎？」當被情緒控制，我們的大腦就不能正常工作，我們就會說出日後後悔不已的話。所以排練好你和家人或和朋友的重要談話，這會使我們的關係更加穩固、持久。

對於所有情況，如果你準備好腳本並加以排練，你的談話會出色很多。畢竟，即使是最經典的喜劇演員也會排練他們的劇本。每天錄製《今夜秀》（*The Tonight Show*）前，吉米・法倫（Jimmy Fallon）都會在少數現場觀眾面前表演他的獨白。如果你觀看這個節目，你會看到他一旦收到觀眾回饋就會修改他的內容。[4] 難怪他在鏡頭前是如此「自然有趣」。

第二十一章

選擇語言

馬克・吐溫曾經說：「正確的語言和差不多正確的語言之間的區別是閃電（lightning）和螢火蟲（lightning bug）之間的區別。」「即興演講的時候，我們經常會找不到正確的詞，而說了看似正確、甚至是錯誤的詞，然後我們道歉、自我糾正或重新說一遍。進退兩難的是，我們需要在現場選擇字詞，沒有時間思考、編輯、重寫或潤色。當我們專注於談話重點的時候，這些詞已經從我們嘴裡跑了出來。

為了強化即興談話使用的語言，記住以下「4C原則」：清晰（clear）、口語（conversational）、自信（confident）和合作（collaborative）。

清晰

亞伯拉罕・林肯是一位鼓舞人心的演講家，他非常重視談話的清晰度，他說：「當我還是個孩子的時候，如果有人和我說話的方式讓我聽不懂，我會很生氣，而我在人生中不會因為其他事情生氣。這一直困擾著我，我成年後依然如此。」[2]觀眾們也期望你能夠講話清晰。然而，要做到清晰並不容易。為了做到講話清晰，要記住以下原則。

想清楚。不清晰的語言來自不清楚的思維。通常，清晰的觀點還沒有形成，話語已經從舌尖蹦出去了。舉個例子，企業發言人在與投資者的問答時間中說：「有趣的是，作為一家科技公司，我們確實相信社區參與，所以我們相信在社區進行教育和培訓計畫並建設社區能帶來影響。」這是什麼意思？講得太籠統了，最好能再具體一點，例如：「我們致力於支持社區。過去一年，我們幫助十所學校設立了『程式女生』課程。」

修改散文式腳本，刪減多餘文字。

- 說「我們將專注於……」，而不是「我們要做的事情是關注……」。
- 說「我們應該考慮」，而不是「我認為我們應該考慮一下」。
- 說「我建議」，而不是「如果可能的話，我想提出這個建議」。
- 說「在史蒂芬妮的觀點來說」，而不是「在我看來，我們可能有些事需要考慮，如史蒂芬妮提到的」。

摒棄專業術語，使用清楚的話！

- 刪除像「改變我們的教育課程設置」等用語，替換為人們更熟悉的「學習」。
- 刪除商品化、優化、操作化及其他以「化」結尾的詞。
- 刪除沒有指明具體含義的表達方式，例如「範例」或「在我的人際關係中」。

請參閱巴特．埃格納爾的《語言領導力》（*Leading Through Language*，中文書名暫譯）一書，書中對專業術語的風險做了深入討論並指出如何避免。[3]

口語

即興語言應該口語化，要和我們在日常談話時一樣簡潔。以下是辦公室談話和家庭談話的區別。在工作中，上司可能會說：「我現在想和你談一談，回顧一下過去的一年。」在家則可能會說：「我們來看看過去的一年。」口語化意味著你在工作場所中使用的語言應該和在工作之外一樣。

以下是如何擺脫辦公室式談話、使語言聽起來更口語化的幾種方法。

話語簡短。溫斯頓．邱吉爾說：「一般來講，短話最佳，而簡短地表達常用語是最佳中的最佳。」[4]所以，如果可以使用「但是」，就不要使用「無論如何」；使用「為了」而不要使用「為……起見」；能使用「選擇」的時候，不要使用「優先處理」。

短句。比起長句，短句更易於理解。這就是為什麼我們在日常生活中會自然地使用短句說話。以下前後對比的例子為讀者呈現，當高階主管放棄長句而使用短句對話的情況。被問及領導新團隊為什麼要依靠他的優勢時，他的回答如下。

之前：「我的優勢在於輔導和搭建關係，我所接手的團隊是一支非常優秀的團隊，而憑藉我在搭建關係方面的輔導能力，我們在這個領域將會非常成功。」

之後：「我的優勢是輔導和搭建關係。我接手了一個非常好的團隊，但它需要建立更強大的客戶關係。我相信我們能一起達成這個目標。」

修改後的句子較簡短且更容易讓聽眾理解。

不要太隨意。雖然即興談話應該口語化，但還要儘量專業。避免「哦」、「嗯」、「沒有」、「知道了」、「你們這些傢伙」、「東西」、「嘿」和「什麼都行」，可以和朋友講話時使用這些詞，但當你和老闆或同事講話時，這些詞會顯得你的話太鬆散。

保持自信

當即興談話時，可以透過以下方式表達自信。

說話語氣要自信。用「我相信」、「我堅信」、「我一直在思考……」。前星巴克CEO霍華．舒茲（Howard Schultz）曾經說：「我真的認為，星巴克最好的日子就在我們面前……我深信我們公司的未來，因為我相信你們所有人。」[5]

去掉贅詞。避免像「呃……啊……哦……好……就像……你知道……說實話」或者任何類似的詞。這些贅詞會讓人聽起來你猶豫不決。例如，如果有人說，「我認為，呃，我們應該好像要雇用那個人」，你可能會疑惑這個發言者是不是真的想雇用那個未來的員工。

不要使用較弱的詞彙。注意以下蒼白無力的語言。

- 矯揉造作的修飾語，例如「我只是想說點什麼」，或者「我有點擔心」，或者「這只是一個想法，但也許我們應該這樣做」。

- 不確定性的動詞，例如「我認為我們應該推展這個專案」、「我猜」、「我會盡力去做」或「我會看看我是否能做得到」。如果經理說：「我感覺我們可以繼續做下去，我會努力爭取預算。」他的談話就不會激發信心。
- 過去式代替現在式。例如「我本來想提出這個事實」，或者「我本來認為我們應該延後這個決定」，這樣的話聽起來讓人感覺你改了主意，不相信你現在所說的。
- 表達自我懷疑的詞。例如，句子結尾的「好嗎？」或「是吧？」或「你知道吧？」會讓人感覺你不確定。
- 藉口和防禦性語言。例如，「兩週前我才參與這個計畫」，或者「這不是我的錯」，或者「我已經盡力了」。
- 陳詞濫調。這些包括廢話，例如：「商業就是商業」、「它就是這樣」、「將來是什麼樣就會是什麼樣」、「時間會證明」、「客戶說『跳』，我們就跳」。

當心模棱兩可的詞。最常見的模棱兩可的詞是「也許」、「可能」、「基本上」、「很大程度上」、「希望是」、「有點」或「相當」。這些詞讓你聽起來缺乏自信。如果你說「希望我們能找到解決辦法」，聽眾聽後可能不會相信你。

切掉提示語。常見的提示語是「我可能是錯的」、「這只是一個想法」、「這只是一個建議」、「聽起來也許很牽強」、「別誤會我的意思」、「這可能是一個愚蠢的問題」、「這只是我的看法」。提示語常出現在句首。假設一位領袖對團隊成員說，「聽起來可能愚蠢，但是你可以更有效地運用你的時間」，句首的提示語會減弱句子的力量。

保持合作

任何組織中最好的對話都是合作性的。美國運通公司CEO肯・錢納特（Ken Chenault）說：「合作不僅僅是對人友善。優秀的隊友會說『這就是我要做的——幫你提升自己的水準』，這表示把團隊放在個人之上。」[6] 以下這些步驟將幫助你更具合作性。

減少「自我」的語言。過度使用與自我相關的語言，例如「我」或「我的」，這些語言應謹慎使用。一位財務總監對我說：「當員工請求晉升職位時，員工應該自信而不是自大『我做了這個』或『我想要那個』，這會讓人有自大的感覺。我選擇那些說『我們做了……』或『我們的團隊做了……』的人。」當然，你可以說「我很自豪我們的團隊表現出奉獻精神」，或者當有人問「是否是你策劃了這個活動」時，你可以回答：「我在策劃中發揮了作用，但這是團隊努力的結果，我們對這個策劃感到興奮。」總之，你不必完全從聚光燈下消失，但也不要讓人覺得你把自己放在團隊之前或中心。

禁止否定詞。合作性的語言可以建立關係，因而積極正面。要避免「我不能」或「我不會」，如「我無法得到這個專案的預算」或「我將無法參加會議」。如果你不能參加會議，可以簡單地說：「我很想參加，但我有其他計畫。」另外，避免包含「不」、「沒」等否定意味的詞，例如「我不會參加」或「我沒空」，如果你沒空，可以說：「我能在半小時內回來嗎？」如果你不知道答案，不要說「我不知道」，而是說：「我會找到答案。」

最後，避免使用「不」這類詞，例如「不可能」和「沒問題」等短語。如果有人要求你完成一項任務，不要說「沒問題」，而是說「當然可以」或者「我很樂意」。假設你的老闆說：「你不喜歡我們公司的新標誌嗎？」（而你真的不喜歡），不要直接說「不」或者說謊，而是以積極的話回應，「我喜歡它的顏色」或「很前衛」。

專注於共同目標。採用討人喜歡的表達方式，如「這個策略會為所有人服務」、「讓我們一起來看看如何準備這個計畫」。你可能會問下屬：「我能做些什麼來協助你？」用以下話語凝聚團隊，「很高興你們能來到這裡。未來幾天的對話，將幫助我們對『我們是誰』以及我們的目標有一個清晰和共同的認識。」這樣的語言會促進團隊所有成員的投入。

鼓勵不同的觀點。鼓勵人們發言並分享不同的觀點。重要的是，讓人感覺到你考慮了每個人的意見，為集體做出了正確決定。一位具有合作精神的領導者可能會說：「我組織召開這個會議，就是為了讓大家提出一個提升員工敬業度的計畫。我想聽聽大家的意見，不管建議大小，我都希望聽到，我們也會認真地回應。」要確保每個人都表達自己的意見，邀請沒有主動發言的人發言，他們可能正在等待你的邀請。

認同他人。無論是一對一對話還是小組討論，要讓聽眾感覺他們對你來說意義重大。花點時間用熱情洋溢的「你好嗎？」開場。在對話期間如果有聽眾分享，就要為他們鼓掌，說「我同意你的觀點」或「這是一個很重要的觀點」或「真棒」。在會議上，透過說「我們有很多極好的觀點」或「我很喜歡這次討論」，來為溝通互動注入能量。強化別人的觀點，例如，「我喜歡你將其他團隊納入計畫的想法」。在聽取認識的人的意見時說：「你對此有什麼看法？西奧。」這不僅僅是為了認同而認同，還顯示出你對建立合作解決的確信。

語言是吸引和鼓舞人心的有力工具。要想在即興交流中有效使用它，需要認識到上述「4C」原則（清晰、口語化、自信和合作）的重要。將這些原則內化，你的語言將充滿力量。

第二十二章
使用即興技巧

本章是由兩位即興演員丹．鄧沙（Dan Dumsha）和安吉拉．加蘭奧普魯（Angela Galanopoulos）提供的。當我決定寫這本書的時候，我想挖掘即興創作大師的專業知識，也就是那些面對友好（有時候是強勢）的觀眾，每夜站在舞台上表演的人。因而，我找到了丹，他有豐富的即興喜劇表演經驗，也是韓福瑞集團中有長期經驗的教練。他透過良好的合作方式，邀請了即興演員安吉拉．加蘭奧普魯與他一起創作。他們分享的技能將幫助我們學會如何守在當下，發現如何創造令人滿意的合作性對話。

為什麼領導者要提升即興技巧

生活中，我們每天都在即興創作。我們花費大量時間與其他人進行即時互動，隨時隨地創作著。然而，一旦涉及商業環境中的即興演講，許多人就會感覺恐慌，擔心自己說錯話顯得愚蠢。的確如此，當場回答棘手問題，或向同事敬酒都可能是一個雷區，而且風險很高。因為觀眾會對我們的口誤記很長時間，導致我們對工作上的即興發言更恐懼。

令人高興的是，即興創作大師在即興劇表演中運用的技能可以顯著改善即興演講。即興劇場已經存在數十年，並在商業培訓中廣受歡迎。像Google、百事可樂和麥肯錫等公司，[1]已經使用即興技能來發揮團隊潛力。還有一些商學院，例如麻省理工史隆商學院（MIT's Sloan School of Management）和位於多倫多的西安大略大學理查・艾維商學院（Richard Ivey School of Business at the University of Western Ontario），設立了即興演講工作坊。這些課程提升了學生聆聽、回應、共同創造和共享成果的能力。[2]麻省理工學院老師拉克希米・巴拉錢德拉（Lakshmi Balachandra）解釋說：「即興演講課程教會你如何快速思考和組織語言，以及如何快速反應和適應突發事件。」[3]守在當下和共同創作是即興創作的基礎，這兩個概念是每位商業領袖都應該掌握的。

守在當下

即興創作的一個關鍵原則就是守在當下，就是說完全以當下情形為中心。聽起來簡單，但是由於時間緊迫、多任務並行以及各種電子設備的干擾，守在當下很有挑戰性。要做到守在當下，讀者可以從以下三方面入手。

首先，不要被過去分心。在即興談話中，我們很容易停留在過去的事件上，或評判剛剛說過的話，而這些想法往往是消極負面的。我們會想，「上一次我和他們提過建議，被他們否決了，他們一定認為我的建議沒有價值。」或者在和聽眾溝通時想「進展不太順利」，我們腦子裡在想對話應該如何進行，而沒有用心關注當下的實際情況。沉溺過去阻礙了我們發現當下，結果沒有注意到聽眾此刻對談話的反應以及他們的需求。最後，還有接二連三的其他想法，例如：「我的儲值卡裡有足夠的錢嗎？」或者「我把門鎖好了嗎？」這樣的想法會破壞我們接收新訊息和恰當回應當前談話的能力。練習把注意力放在當下，學習清空那些會分散注意力的想法。

其次，不要顧慮未來。為即興談話做好準備（如本書要求的），然後守在當下，不要擔心下一個事件或任務。如果你在想，「談話最好在下個會議前結束」，或者「我能不能趕上到托兒所接小孩」，那麼你就不可能像專注於當下的人一樣敏銳。

同樣，不要擔心結果。對未來的消極想法可能會成為一個預言。如果你的想法是「如果這一切都錯了怎麼辦」，或者「我提出這樣的要求，我的老闆會怎麼看我。」那麼，你得到的結果就不可能理想。一位同事分享了一個朋友的故事，這位朋友擔心自己給別人的印象太爭強好勝，所以在求職面試中作自我介紹時，他擔心：「他們會覺得我太好強嗎？他們是不是因為不喜歡我的個性而決定不聘用我？」因為如此，他就無法與面前真實的聽眾有連結，而把面試搞砸了。處於當下的人要能夠與聽眾有更好的連結，並對他們做出回應。如果事先老想著結果，那麼一半的注意力就不在當下，我們只能靠另一半注意力艱難地維持對話。顧慮未來會阻礙你與他人連結，所以要守在當下。

最後，相信自己，接納恐懼。如果你想守在當下，就要相信自己。懷疑和恐懼只會削弱自己，並可能導致反應遲鈍或表達不清楚。即興劇場的表演強調相信自己、接納錯誤、體驗感覺來戰勝恐懼。

演員兼教練德爾．克洛斯（Del Close）有一句知名的「接納恐懼」的話曾被引用。[4]他的意思是說，我們應該從恐懼中受益，從中吸取能量，而不是躲避它們。例如：如果你害怕在會議上發言，不要屈服於恐懼，接納它，大膽地舉手表達你的想法；如果害怕有人懷疑你的領導力，接納害怕的情緒，跟那個同事好好談談話，讓他暢所欲言；如果擔心客戶不支持你的建議，接納擔心的感受，詢問客戶「您有什麼想法？」或「您是不是已經有其他想法？」如果因為害怕自己可能是錯的，而猶豫不敢說出想法或解決方案，就要意識到你貢獻的想法可能是邁向最佳解決方案所需要的一步。相信自己的直覺，把恐懼轉化為強大的自我肯定力量。不要讓恐懼把你從當下帶走，要讓它成為你依靠、信任自己的力量，相信自己有能力超越恐懼、擁抱當下。

守在當下的力量

一旦守在當下，你將全神貫注地參與即興對話，且能夠非常恰當地回應。你會驚訝於自己的表現，發現自己比排練時更機靈、更聰明或更有趣。

當亞馬遜的傑夫．貝佐斯接受商業內幕網站（Business Insider）總編輯兼CEO亨利．布洛傑特（Henry Blodget）採訪時，布洛傑特向貝佐斯投來一句妙語：「我們來談論利潤，或者就你的情況而言完全沒有利潤。」貝佐斯反應很快，他立即轉身面對觀眾說：「這就是亨利對待我好的方式！」[5]這個機智的回答是因為貝佐斯只關注當下的自己，他沒去想布洛傑特如何準備了這個問題、或觀眾對一個無利可圖的亞馬遜會怎麼想。

當你處於當下時，你不會掩藏而是接納自己的情緒。你內心會說：「緊張是可以的，感覺不舒服也是可以的。」它不再是恐懼，而是一種可接受和可探索的東西。你會掌握對這些情緒的反應，而這些情緒也不會再控制你，你觀察它們並發現它們如何在談話中激勵你。如果不再害怕發言時緊張，那麼緊張會讓你表現得更好。

共同創作

即興演員擅長與舞台合作夥伴共同創作。共同創作涉及與他人合作，接納他人的想法，然後添加到自己的想法中。共同創作是任何組織成員謀求發展所特別需要的重要技能。解決方案不會來自某個人或某個團隊，而是來自組織各個層級的合作。以下是成為優秀共同創作者的一些關鍵要素。

首先，仔細聆聽。只有當你深入傾聽別人講話，你才能和別人共同創作。這意味著要專注於發言者，而不是你自己將要說的內容。

以下是即興演員用來磨練聆聽技能的一些技巧，它採用單詞聯想法。假設表演者圍成一圈，先是一位發言者抛出一個詞，第二個人受該詞啟發聯想到另一個詞，然後第三個發言者受第二個人的詞啟發提出第三個詞，以此類推。每個人只有在收到為他們提出的詞之後才開始聯想，如此就不用事先準備。這個練習鍛鍊聆聽能力。除了引發自己聯想的詞外，參與者還傾聽其他的所有詞，因為他們要提前思考自己將收到什麼樣的詞。這個練習教會學員要從頭到尾聽完整，在自己前面的發言者說完之前都不能放鬆傾聽。在商業討論中，這種高強度的傾聽會提升互動的品質。它鼓勵我們聽完所有講話內容，而不是「過早行動」並說一些與前面發言無關的話。深入傾聽將能創造共同的解決方案，無論你是在電梯、走廊還是會議室。

其次，接納別人提供的東西。在即興時刻，別人提供給你的東西包括想法、訊息、感覺，有時是來自同業的建議，有時是聽眾的要求。這些東西透過語言、聲調、肢體語言傳送給你，就像在商業環境中一樣。你不必同意，但需要表示你已經接收到它們。事實上，「提供」讓我們有種感激之情，尤其是在我們準備做出回應的時候。當有人與我們分享一個想法，我們應該表現出接納的態度（而不是爭辯或競爭），因為那是與我們溝通的人送給我們的禮物。即使我們不同意他所說的話，但從這個角度看待，至少會鼓勵我們在回應時接納他人意見。

如果同事說了一些你不同意的話，可以說「我聽到了」來表達你的接納，而不能說「絕對不是這樣」。假設你在開會，一個發言者提出一個你認為愚蠢的想法，會場裡的人們像石頭一樣沉默，顯然其他人也如此認為。這時，你需要接納發言者的「提議」，並親切地回應，例如說「你再多說幾句」，或者「能解釋一下你是如何得出這個結論的嗎？」這些反應表示你聽到了發言者所說的話。如果你和其他人都保持沉默，你就是在拒絕這個提議。這樣做不僅會侮辱發言者，也會讓你在接下來的對話中不知道從何說起，還限制了原本有價值的建設性對話，並阻礙了發言者未來貢獻提議的意願。

使用「是的，而且……」而不是「是這樣，但是……」。在許多商務會議上，人們只是坐著等待表現自己的機會。當有人提出一個看法時，這些不安分的聽眾很快就會說：「是的，但是……」他們用這種反應來表現自己比提出想法的人更聰明。這樣做，他們的角色是在「判斷」而不是在「合作」。共同創作會在其他人所說的基礎上使用「是的，而且……」的技巧。「是的，而且……」是即興創作的關鍵。這種表述方式鼓勵共同創作，因為這意味著別人的觀點不僅被承認和接納，而且被強化和提升。共同創作產生的最終結果是一個人無法達成的。

所以，在即興對話中，一旦有人提出了一個觀點，分享了一個想法，或者對你的發言作出回應時，你不要急於證明他們錯了。因為這樣做會結束對話，而應該說，「是的，我同意這個觀點……而且……」，或者「當然，你講的有道理，而且我們可以這樣做」，或者只是簡單地說，「是的，我們已經為其他客戶這麼做了，也可以為你完成這件事。」

假設你不同意發言者的觀點，你也可以說「是的，而且……」。你可以回答：「是的，我們可以從第二個角度看待這個挑戰。」從前一位發言者的觀點中抽取你認為有價值的東西，並將它納入你的見解，那麼前一位發言者就成為你的盟友。綜合各種觀點總比僅僅反對第一個發言更有價值。

總之，即興戲劇表演為商業或其他領域的人提供了有價值的技巧。即興表演顯示了守在當下的重要，使我們能夠完全專注於眼前的交流溝通。即興表演演員可以對商業領袖傳授更多共同創作的重要性、以及實現合作所需要的技能。在日常生活中，也不乏和他人共享舞台來擁抱真實、當下互動的機會。

第二十三章
發現你的聲音

你的聲音是發揮即興領導力的有力工具。如果你講話太倉促、聲音太大（或太小）或氣喘吁吁，就會削弱你吸引他人的能力。本章將討論如何透過學習呼吸讓自己的聲音低沉，達到理想的音量、音調和節奏等，表現出有力、自信的聲音。

放鬆練習

了解深呼吸的力量。每天我們吸氣、呼氣兩萬三千次。[1]但是，當臨場發言時，找到需要的呼吸源並不容易，特別是當你感到自己處於巨大的壓力時。腎上腺素流過你的身體，你會加快呼吸速度、呼吸更淺、呼吸起始於胸部或喉嚨而不是膈肌。結果，你的發言讓人聽起來不確定、不舒服、焦慮、氣喘吁吁。

如果想恢復呼吸、能量和生命力量，為任何即興的相遇做好熱身，就請練習以下這些簡單動作。

首先，深深地、均勻地呼吸。吸氣幾秒鐘，然後再呼氣幾秒鐘。專注於你正在做的事情，當你吸氣的時候數到2或3，呼氣時也數到2或3。重複這種模式，直到你感覺放鬆。

其次，進行「身體掃瞄」練習，有意識地放鬆身體各個部位，從腳趾開始，然後是腳、膝蓋、大腿、胃、心臟、肺、頸部和頭部。這個練習會使你平靜下來，你的身體會向大腦發出身體處於平靜狀態的訊號。如果在聽別人談話時這樣做，你在講話的時候就不太可能會緊張，聲音不會發抖，手也不會顫抖。

最後，透過想像一種愉快的氣味來放鬆。可以想像有一支自己最喜歡、散發強烈香氣的花就在你面前。每次呼吸都盡可能地吸入香味，然後沉浸其中並充分欣賞它。現在注意一下這個練習如何加深了你的呼吸，體會你的感覺如何輕鬆，以及是否準備好要發言。

如果在談話之前沒有時間做這些練習怎麼辦呢？假如你正在開會，突然有一個問題向你拋來。在回答之前，停頓一下，深吸一口氣。這一口氣將給大腦傳送一個平靜的訊號。你會聽起來（而且確實是）在回答中更加專注。有力量的發言需要穩定可靠的呼吸供給。當呼吸擊打聲帶並使它們振動時，就會產生強大而自信的聲音。

使聲音「下沉」

下沉你的聲音會使它更深沉、更有力、更可信。在指導領導者時，我經常會收到一些高階主管的請求，他們要求我指導他們的下屬增強聲音的力量。我曾經指導過一位副總裁，她老闆對我說的第一件事就是：「羅莎娜需要更加莊重。她經常與客戶會面，需要說服客戶向我們投資。這種情況，她講話必須聽起來更可信。」我聽了聽羅莎娜講話，她的音調太高，使她的聲音比本人聽起來更年輕和幼稚。「莊重（gravitas）」的字面意思是「重力」。言行莊重的人更為嚴肅，因為他們說話有分量和內容。他們的聲音支持他們的想法。而男性說話的聲音比女性更容易低沉，甚至有些男性由於聲音低沉而獲益。

進行一項練習。嘗試用你平常的聲音講一小段話。現在嘗試用更深沉的聲音來講這段話。有沒有感覺到什麼差異？當你的聲音更低沉的時候，是不是聽起來更可信、更有思想、更有洞察力？

練習這個技巧，想一想「莊重」和「重力」之間的連結。想像你的聲音被重力拖下來。女演員勞倫・巴考爾（Lauren Bacall）在電影導演霍華・霍克斯（Howard Hawks）的建議下降低她說話的聲調。隨著時間推移，巴考爾將自己的聲音提升到這種水準：「當人們非常脆弱的時候，她的話讓人們感受到強大的力量」。[2]為什麼莊重在即興時刻如此重要？當緊張或驚訝，或者倉促地說話時（就像經常在即興時刻發生的），我們的音調在上升，所以「莊重」對於這個問題是一種完美解藥。

保持說話低沉一直到講完最後一句話。有些人在說話接近結尾時會抬高音調，這種模式叫作「句末尾音上揚」（upspeak），就像是在提問而不是講話。無論你的語言多麼出色，如果你使用這種發聲法，會像在質疑自己的觀點，而這會削弱你說話的力量，聽起來像是在向聽眾和你自己說，「是這樣嗎？」、「都正確嗎？」

合適的音量

找一個既不太響也不太弱的音量，但有力而自信。如果你的聲音輕飄飄的，人們會不願意聽，你說的話會聽起來感覺不確定。同樣，如果你聲音太大或者太咄咄逼人，你會得罪別人。

了解每種情況很重要，因為每種情況下我們應該使用的音量並不相同。

- 如果你在開會，你的音量目標是坐得離你最遠的人能夠聽到。
- 如果在電梯裡，你正在和旁邊的某個人說話，你的音量目標應該是只讓那個人聽到，而不是讓大家都聽到。
- 如果在開視訊會議，你的聲音代表了你整個人。你的聲音應該有力並有吸引力。我鼓勵人們在開視訊會議時站著說話，這樣聲音會更有力量。
- 如果你在餐廳排隊時和一位同事說話，聲音要比咖啡廳的喧鬧聲高，或者保持安靜，直到你們坐下再交談。
- 如果正在參加社交活動，看到一位客戶經過，不要大聲喊，而要走過去，一對一交談。

• 如果你和很多高嗓門的人一起開會，你也需要把音量調高，這樣說話才能被聽到。但是如果開會的人聲音都比較柔和，你應當把自己的聲音也調低一些。總之，要為每個情況找到適當有力並自信的音量。

溫和、承諾的語氣

如果你想在即興時刻展現領導力，就要採取溫和、承諾的語氣，這樣才能激發自信。讓你的聲音富有表現力，展現你關心所講到的問題，關心正在聽你講話的人。

對某些人來說，聲音富有表現力並不容易。我曾經和一位講話語氣平淡的客戶合作過。我們運用他的語音信箱進行角色扮演，以幫他找到更溫暖的語氣。他用語音信箱記錄以下內容：「嗨，這是安東尼．艾伯特，請留下您的姓名、電話號碼和方便回電的時間，我會儘快回覆您。」我告訴他，這樣的話感覺沒有什麼熱情。他又試了一次補充說：「祝您有個美好的一天。」但他的語氣仍然令人感覺冷漠。我建議：「我們再試一次，當你說話的時候，想像有一個真的人可能會回你電話，某個你喜歡的人。」他問：「那我女朋友怎麼樣？」結果他最後一次的嘗試更溫暖，也更吸引人。他找到自己的「情感中心」。我們不僅要為家人和朋友，也要為我們的業務夥伴找到自己的「情感中心」。

在即興對話中隱藏自己的感覺以及隱藏自己，會削弱影響力。人們希望你「真實」，如果你不真實，你的話將是空話。找到表達你感受的方式，溫暖、親切的語氣，才能與聽眾建立關係。

注意不要讓人聽起來感覺爭強好勝或被強迫。克里斯・安德森（Chris Anderson）在他的著作《TED TALKS 說話的力量》（*TED Talks*）中寫到：根據亞伯特・麥拉賓（Albert Mehrabian）教授的研究，有情感交流時，觀眾對演講者語氣的反應甚至比對談話內容還要多。[3]如果你說「我喜歡你的觀點」，但你的語氣敵對或即使中立，觀眾都會認為你持有否定態度。如果你對著他人怒吼，觀眾會更加不喜歡你，也不會聽你說話。講話一定要聽起來積極正面、支持他人，保持一種溫暖、接納的語調。

此外，要表現出對所講觀點的投入，可以透過激情來展現，還要顯示出對自己所講內容很感興趣。其他人會「聽」到你的信念，從而更有可能接受你的觀點。對潛在客戶你可以說：「我們 Albacore 集團非常享受與你們的這次對話。相信公司可以滿足您的需求。我們將珍視與您合作的機會。」

「享受」、「相信」和「珍視」這些詞具有表現力，在講話中要強調這些詞。如果把語言看作一個景觀，你要決定把哪些詞帶到前景，而將哪些詞放到背景中去。

正確的節奏

說話節奏應當比思考速度慢一些。當我們即興談話時，經常會有大量的觀點、文字、想法和情緒冒出來。因此，我們經常以非常快的速度噴發出話語，說話的速度遠比思考的速度要快，聽眾根本來不及吸收。以下的例子是一個問答採訪時間，看看當說話速度比思考速度還要快的時候會發生什麼。

採訪者：您帶領這家機構度過了一段非常有挑戰的時期。您是否已經克服了由於去年產品缺陷而造成的問題？

執行長：這個問題問得很好，我可以告訴你，嗯，這個情況已經引起了很多人的關注，哦，當大家盡了百分百的努力之後，我們公司得以繼續向前發展。我不需要告訴大家說我們把客戶放在首位，這對我們來說意味著進步。我這麼說並不容易，我們不知道這會為我們帶來什麼，但我認為這是一種進步，我們確實希望對此保持開放和坦率的態度。

這位執行長的回答是大雜燴，他說得太快超出了他思考的速度。他使用贅詞的目的就是為了贏得一些時間，這些贅詞包括：「這個問題問得很好」、「嗯」、「哦」、「當大家盡了百分百的努力之後」、「我不需要告訴大家說」、「我這麼說」。他在沒什麼特殊目的時重複使用相同的詞（執行長說了兩次「進步」）。他的想法是發散的（「進步」、「把客戶放在首位」、「開放」）。因為他速度太快，所以整個發言沒有什麼清晰可言。

以下是如何找到正確節奏的建議。

首先，在句子之間停頓。這將為我們留出一些時間準備下一個觀點，它還有助於聽眾吸收剛才的發言內容。通常句子之間的停頓大約兩秒，但如果剛剛講的是一個重要見解，就需要給聽眾更多的時間來消化吸收。或者，我們需要更多時間來集中思考下一個想法，也可以將停頓時間再拉長。完全沒必要擔心停頓時間過長讓聽眾認為自己思考緩慢。事實恰恰相反，在想法之間停頓的發言者聽起來更自信、更有思想，就好像他們在分享一些真正來自他們內心深處的東西。

其次，以放鬆的速度傳達想法。這樣能夠消除贅詞、重複詞和冗長句，就能夠更成功地構思想法。我們說的每句話都應該有一個清晰的觀點，如果說得慢一點，就能更有效地形成觀點。所以，要慢慢地說，說話的速度和思考的速度應當一致。

最後，在領導者談話腳本的四個部分之間停頓。這些停頓對聽眾來說是一種訊號，表示你正從抓手移到重點、移到結構，最後到呼籲行動。這些停頓也會讓你有時間思考這些步驟。

我們的聲音擁有非凡的力量。一項研究顯示，當參與者以口頭方式表達自己的觀點時，他們被認為「具有更多的智慧」（更理性、更深思熟慮、更聰明），他們也被認為更招人喜歡和更具吸引力。這份研究報告的作者解釋：「幾乎不用經過大腦思考，你就能自然地透過音量、音調、節奏和音高等細微調節，使聽眾感受到你的想法。」[4]我們的聲音清楚地顯示著音量，應當花點時間找到一種能夠觸及、吸引和激勵他人的聲音。

第二十四章

掌握肢體語言

我曾經指導過一位很機靈的年輕財務長，他的工作包含與潛在投資者溝通。身材高大的他，很有魅力，有一種熱情、迷人的態度，所以我認為他會給人留下一種「高階主管的印象」。但在我們第一次輔導課上，當我打開攝影機，讓他假裝正在和一位潛在客戶交談時，他呈現出他從來不想向客戶展現的肢體語言：他緊張地拉著頭髮，把身體重心從一隻腳轉移到另一隻腳，偶爾把手伸進口袋裡，口袋裡的硬幣叮噹作響。他顯得緊張不安。當我重播錄影時，他感到很震驚。我們一起探討如何傳達一種更自信的肢體語言，後來他成為一位出色的演講者。

在所有情況下，展現肢體語言都很重要，特別是在沒有講台或投影片無法隱藏自己的即興交流溝通中。精采的肢體語言會是當下領導的有力優勢。它吸引聽眾，並鼓勵他們參與我們的想法。它強化了我們的發言內容和語言所顯示的激情。它傳達出我們的開放、溫暖和關注他人等重要訊息。透過練習，我們可以訓練自己成為激勵他人的人。

坐立筆直

我們的坐姿和站姿非常重要。艾美．柯蒂（Amy Cuddy）在TED演講和她的書《姿勢決定你是誰》（*Presence*）中討論到，為什麼姿勢對於演講者來說至關重要。柯蒂解釋說，人類和其他動物一樣，當我們長期擁有權力並且當下感覺到權力的時候，就會讓自己顯得很「大」。另一方面，當我們感到無力時，恰恰相反，我們沉默不語、把自己包裹起來，讓自己變「小」。[1]

我們的日常互動也證明了這些觀察。在會議上沒有參與感、或者認為自己幾乎沒什麼補充意見的人，經常會表現出懶散的樣子或交叉手臂的姿勢。想表達想法的人則會坐得筆直並張開雙臂。以下是如何改變姿勢以顯示力量和領導力的建議。

- 盡可能站直或坐直。

- 把頭高高抬起，下巴收起。
- 保持肩膀平直：不要駝背或鬆散。
- 雙臂張開，在身體兩側保持自然放鬆，隨時可以作出手勢。
- 雙腿不交叉，並牢牢站立。
- 保持不動——要放鬆，而不是像石頭一樣僵硬。

還要注意，你的肢體語言應展現出歡迎而不是讓人害怕。我們都見過有人靠在椅子上伸出手臂，甚至伸出手臂搭在旁人的椅子上占用別人的空間，有時候身體靠在椅背上似乎游離在整個對話之外，這都是不尊重別人的表現。在一對一的對話中，控制別人的主導性姿態也是一個問題。假設你是一名經理，你來到一名員工的辦公桌前，用手撐著俯身趴在桌上，那麼你的姿勢會讓人害怕。由於你的姿勢，下屬無法與你分享任何想法或談論任何問題。

你也一定不想表現出順從的姿勢。有些人由於習慣、社交或不安全因素，他們把自己變得很「小」，只坐椅子的一部分、彎背、低頭、雙腿交叉。這種姿勢無法讓他們有力量。這使他們顯得無足輕重，這種肢體語言表示你對自己講的話沒有信心。

作為領導者，無論坐著還是站著，都必須表現出有力、自信的姿態。所以，占據你應有的位置，擁有你應有的空間。

開放性手勢

接下來，確保你的手勢傳達領導力。這裡的關鍵是「開放性」手勢。它們不僅增加了你談話內容的力量，而且還表現出你正在傾聽並且很容易接近。他們表示你是值得信賴的，沒有什麼可隱藏。你的手臂會說話！為了達到開放，你需要：

- 切勿交叉雙臂，否則像是在防守或封閉。
- 整個手臂伸向觀眾。
- 避免上臂貼著身體，下臂晃動，手臂貼住身體，像「魚鰭」一樣。
- 避免腕部過於頻繁地打手勢、動作太快。
- 保持雙手張開，不要把雙手握在一起，不要雙手交疊，也不要把它們壓在桌子上。

開放性的肢體語言非常重要。想像一下假如老闆雙臂交叉著站在員工面前，要求團隊提出新想法，他嘴裡說：「你的想法是什麼？」但肢體語言卻在說「我不接受你們的想法」。或者假設你在電梯裡，老闆走了進來，你立即雙臂交叉放在胸前，顯得你是在防備而且還有點害怕。手臂交叉意味著「盔甲」，保護自己免受周圍人的傷害。

開放性手勢應根據發言內容和觀眾的規模調整。想法越大，觀眾越多，你的手勢就應當越開放。在有十至十二位員工參加的會議中，幅度較大的手勢（沙灘球的尺寸）會更有效，幅度小的手勢會讓會場在座的人感覺不到。在一對一會談中，較小的手勢通常更合適。但是，如果你是在講述一個關鍵點，或者是在展現你對某個想法的熱情，那就可以使用幅度大的手勢。

開放性手勢依據個性和目標的不同而有細微差別。如果你想為觀眾留下自信的專業人士印象，例如在面試時，你的手勢就該讓人感覺溫暖但堅定和權威，顯示強有力的領導特質。如果你想給人的印象是大膽的思想家，你的手勢應當幅度更大，像理查．布蘭森、伊隆．馬斯克和傑夫．貝佐斯這樣的企業家，他們往往會有興奮、大膽的動作，顯示他們活潑的個性。如果你想在非正式場合與周圍的人建立融洽的關係，就可以放輕鬆，用更加個性化的手勢向他們伸出手，或用點頭表示同意，在極少數情況下還可以用肢體接觸表達同意。

避免以下傳達負面訊息的手勢。

- 攻擊性的手勢（拳頭、伸出的手指尖或舉起的手）。
- 緊張的手勢（搓手、把硬幣碰得叮噹作響或坐立不安）。
- 減弱自我的手勢（用手遮掩臉部、遮住嘴巴或自我保護地抓著脖子）。
- 梳理手勢（撫摸或甩頭髮、觸摸或撫摸自己的臉）。

手勢是與觀眾建立關係的有效方式。手勢會自己說話，並告訴他人你想要與他們連結。在每一次即興時刻，想想什麼是你的最佳手勢。

眼睛的力量

目光接觸是另一種強大的肢體語言。人類的身體感受器有七〇%存在於眼睛中。眼睛接收到的訊息，是其他所有感官接收到訊息總和的兩倍多。[2]我們的眼睛還告訴觀眾關於我們自己的很多訊息。如果用強烈、熾熱的眼神與觀眾進行目光接觸，他們就更可能感覺我們平易近人、可愛、可靠和可信。而且，根據英國伍爾弗漢普頓大學（University of Wolverhampton）和英國斯特靈大學（University of Stirling）的聯合研究，目光接觸會使觀眾記住更多我們的發言內容。[3]

正確的做法可以使即興交流溝通變得不同。以下是如何使用你的眼睛來增強溝通效果。

首先，用眼睛來研究觀眾，無論聽眾是一個人還是多人，確保你的談話重點被接受。如果你的觀眾看起來分心了，可能意味著你講得太快或太慢，需要調整節奏。這也可能意味著你沒有正確理解訊息，應接受這些回饋，然後即時調整。你可以說：「想再聽一遍嗎？」或者是只用不同的語言來重述你的觀點。這就是最好的即興交流溝通。

其次，當你在講每個重點的時候一定要看著觀眾。當然沒有必要將所有時間都看著對方，沒有人喜歡被一直盯著看。事實上，在即興演講中，當我們的大腦在搜尋想法時，我們的眼睛往往會向下看或看著別處，一旦思考結束，眼睛就應該回到觀眾身上與他們保持眼神交流。

當你看著他們的時候，默默地問自己：「你們明白了嗎？」當然聽眾不會聽到這些話，但你的目光和你的意圖（你剛才說的「明白」）會讓他們產生這種想法，讓他們更難忘記你講的話。這與高爾夫揮桿很相似，一名高爾夫球手必須持續揮桿超過肩膀，否則球不會沿正確的方向前進。同樣道理，如果你想讓觀眾接受你談話中的每一個觀點，你就需要堅持到底。

再次，用眼睛來「控制會場」。很多人在與多人交談時眼睛會瞟向會場其他地方，而不是某個人。我們的眼睛經常會看天花板、牆壁、桌子，甚至有人正好走進來，我們就看著門。眼睛的這種「漫步」會使我們中斷與觀眾的連結。保持連結的祕訣在於和聽眾保持一對一的目光接觸。即使會場有十五個人，用眼神接觸時，儘量每次只集中在一個人身上。當提出一個想法時，可以選擇一個正在看著你的人，與其進行目光接觸。然後講下一個想法時，眼神接觸另一個人。接著講的時候，繼續用一對一的眼神接觸每位觀眾，或至少盡可能接觸更多的觀眾。這種個人之間的連結將使你能控制整個會場。

最後，用眼睛表現出你在聽別人說話。我們的目光會顯示我們的關注、參與、回應。所以，不管你是在走廊裡一對一談話，還是在與十個人會面，都要把注意力集中在發言者身上，明確表示你對這個人的談話感興趣。這樣你會被認為善於傾聽，而你也確實會成為一個優秀的傾聽者。

目光接觸即使不是最強大的肢體語言，也是非常強大的肢體語言。它可以幫助你與每個人建立牢固的連結。記住，「眼睛裡有力量」要善用！

展現你最美的笑容

首先，即興領導力關鍵的要素之一是臉部表情。以下是需要記住的一些原則。

如果你想說服或激勵他人，要以熱情、平等和能產生共鳴的態度開始發言。如果你看起來對大家漠不關心，那麼也沒有人會跟隨你。這種對他人的熱情不是想「穿」就能「穿」上身的，它是一種真實的感受，它反映在你的笑容裡。這種笑容不是在臉上張大嘴、很開心的笑，而是一種源自你內心的微笑。我喜歡將其描述為一種發自內心的微笑，它會讓觀眾對你感覺很好，你的表現讓人感覺溫暖，也讓你能夠全方位地呈現你自己。

其次，要確保臉部表情反映你談話的內容。大家都見過，在會議中或某位電視主持人在講負面或中性內容時，有些人依然保持著微笑。想像一位經理以高興的語氣對同事說：「我們沒有達到季度銷售目標。」顯然，這個臉部表情是想隱藏事實，或者發言者更關心保持快樂而不是傳遞實際的訊息。不要有這樣不符合談話內容的表情。

最後，保持你的臉部無遮擋，讓觀眾隨時能看到你。

- 不要讓頭髮垂在臉部。

- 不要觸碰或揉搓臉部。
- 不要把手放在臉上。
- 不要把臉從觀眾面前轉向別處。
- 自己說話時不要臉部朝下。
- 別人說話時臉部不要轉動或朝下。

肢體語言本身就是一種語言，是能夠和你的談話一同表達感受和意圖的語言。按照本章建議，講話時確保你的姿態、手勢、眼神和臉部表情都能夠支持和加強你的領導力。

結語

別害怕，準備好

發言者的類型有兩種：緊張的和說謊的。

——馬克・吐溫

當我告訴別人我寫了一本關於即興演講的作品時，最常見的回答是「我想看這本書。我在即興談話時真的很害怕。」

為什麼「即興」如此可怕？

部分原因是對未知的恐懼。一聽到「即興」這個詞，就表示任何人在任何時間都可以向我們拋出任何東西，因此你會恐懼。「即興」把我們帶出了舒適區。我們感覺失去了控制，而人類喜歡控制感。我們害怕張開嘴巴卻無話可說，什麼也說不出來，或者說出的話沒有絲毫意義。我們害怕被別人評價，擔心別人會怎麼看待我們。一位客戶告訴我說，當她向高階主管報告時，她的大腦像是被凍結了，她害怕被上司批評，結果心理上先退縮了。大腦凍結或是喋喋不休、前後矛盾的狀況，在任何會議、走廊交談或事關重大的面試等情況下都可能發生，結果可能會是深深的失望。誰沒有在即興談話之後懊悔地說「我為什麼這麼說？」或者「為什麼我不這麼說？」的經歷。

即使是經驗最為豐富的高階主管也會在即興演講時緊張地打顫。我們公司培訓的一位副總裁透露說：「我最想克服的挑戰是能夠在二百五十位副總裁和公司CEO的會議上，站起來說『我有個想法』，或者說『這是我對問題的看法』。」他說，他想克服最初的恐懼，「一旦站起來我就會發揮很好，因為我知道自己要說什麼。但是站起來、被眾人注視以及站在台上的感覺太讓人焦慮，所以我傾向於不主動站起來發言。」

正如本書所示，發展這些技能就是為即興時刻做準備。充分的準備將確保你無論在什麼情況下，有信心、專注、說在「點」上，並鼓舞人心。這種能力是領導力的核心。

準備，準備，再準備

我向你號召的行動是：想方設法地盡力準備，從而提升即興時刻的表現。這一重點已經被無數領導者內化和證實。我想為讀者留點「待辦事項」清單，這樣你可以成為出色的即興領導者，激勵你的團隊、客戶、主管和所有聽到你說話的人，無論是在走廊、會議室還是在日常生活中。

首先，培養領導者思維。從現在開始培養自己，將即興時刻轉變為領導力時刻。可以問自己，「我是否想要領導別人，我該如何選擇最好的領導力時刻？」、「我是一個很好的傾聽者嗎？」、「如何能變得更真誠？」、「當我和人交談時，我的思緒是否集中？」、「我是否尊重我的老闆、同事和公司？」這些問題形成了一個有價值的清單，如果你想讓聽眾知道你是一個有愛心和有說服力的領導者，就應該培養這些素質。

其次，內化吸收領導者談話腳本。如果你掌握了這個腳本及組成部分，在任何即興場景下，你都會有堅實的基礎來組織你的思維。當然，這也有助於你了解談話主題並運用關鍵訊息。將領導者談話腳本的四個步驟（即抓手、重點、結構和呼籲行動）內化非常重要。無論你有一個星期、一小時、還是很短的時間來準備即興談話，這個腳本都將使你能夠以清晰的思考應對任何情況。

再次，為每個場合準備即興腳本。一旦知道自己將「上場」，不管是社交活動、求職面試、與老闆會談還是在電梯裡談話，運用任何可以運用的時間準備即興談話腳本。本書為讀者提供了即興談話腳本案例，這些案例可指導讀者為任何場合量身準備即興談話腳本。你越常使用這些腳本，就越能夠在只有幾秒思考的情況下做好演講準備。

最後，建立現場領導力。使用本書最後一章討論的技巧來加強你的臨場領導力，當你參加重要訪談、社交活動或問答時，就會展現出力量和信心。尋找一切時間進行排練，注意用字遣詞。掌握即興表演技巧使你可以保持在當下，並知道如何使用你的聲音和肢體語言來表現領導力。

適應無意識的幫助

你可能會問自己，「當發言時間到了，要在現場把所有一切都組合在一起，我能做到嗎？」眨眼之間？聽起來太難了吧！

好消息是，在即興演講時，我們不必有意識地做到本書討論的所有內容。正如麥爾坎．葛拉威爾（Malcolm Gladwell）在《決斷2秒間》（*Blink: The Power of Thinking Without Thinking*）中說的，「我們不會有意識地去做這些瞬間決定，這些決定是無意識的。」他寫道：「像這樣大腦一下子得出結論被稱為適應性無意識……就像一種巨大的電腦，它能快速、安靜地處理我們需要的大量數據，以保持我們作為人的功能。」[1] 葛拉威爾解釋說，這種適應性無意識負責快速決策，就像急診室醫生瞬間做出的醫療處置、即興演員瞬間決定的下一句台詞、職業籃球運動員在瞬間投出令人難以置信的三分球。在即興演講前稍作停頓，也同樣可以「不用思考而思考」來完成瞬間決策。

即興表演、即興音樂與即興演講有極其相似之處。葛拉威爾解釋說：「即興表演不是隨機或混亂的。事實上，即興表演是一種受到一連串規則支配的藝術形式，演員們要確保他們上台時每個人都遵守這些規則。」[2]爵士樂也是如此。曾經與節奏藍調（ryhthm and blues）大師波．迪德利（Bo Diddley）合作的史蒂芬．T．阿斯瑪寫到：「在音樂中，與他人即興創作需要一種由音樂工具和規範組成的語言。」他解釋說：「即興創作的能力不僅僅是跟著感覺走，它還建立在學習和實踐的基礎上，為表演者的即興行動做好準備。」[3]即興演講需要的訓練和卓越的即興演員、爵士音樂家的訓練一樣，它建立在一套規則和實踐基礎上。強調準備是本書的核心思想。準備即興表演聽起來似乎自相矛盾，但這是成為優秀即興演講者的唯一方法。

對於有抱負的領導者來說，當今幾乎沒有什麼技能比在即興時刻精采地演講更為重要。高階主管們發表正式的重要談話然後離場回到辦公室的日子已經一去不返。與同事、高階管理人員、客戶和利益相關者經常的即興互動已成為常態。電梯對話可能是確定職業生涯的時刻，訊息在即時發生且交換，雖然電子郵件像洪水一般襲來，但面對面溝通變得比以往更為重要。

即興演講的非凡重要性就是我寫這本書的原因，以及掌握這項技能對於組織中的每個人都至關重要的原因。

這本書為優秀的即興演講提供了清晰、一致的方法。為每種情形制定不同運用原則，把它們內化為即興演講策略，擁抱你的工作和個人生活中每天呈現的小舞台。出色的即興演講能力是現今每位領導者都必須掌握的關鍵技能之一。新的領導力時代充滿了對話、合作和魅力。

充分運用這些機會吧！

致謝

當我開始寫這本書的時候，我不知道整個過程會這麼有啟發和挑戰性。當我與很多人交流溝通並回顧多年來我與客戶的合作時，我意識到即興演講這種技能比我之前意識到的更為普遍、更為艱鉅，也更為重要。

我很感激如此多人幫助我認識到這本書的必要性，以及它在領導者的人生中所扮演的角色。

首先我想感謝在過去三十年裡我指導過的數百位客戶。我保留了我們的會談筆記，那些筆記為這本書提供了豐富的素材。但更重要的是，與這些慷慨、有才華的領導者共事的經歷，激勵我寫下了這個主題，這也曾經是我們多次指導會談的主題。

我非常感謝在我開始寫這本書的時候，那些和我一起坐下來接受我一連串訪談並分享他們想法的人。那些對話振奮人心、非常有價值。他們的智慧、坦率和口才超凡卓越，我感謝阿德奥拉·阿德巴約、艾倫·康韋博士、托妮·法拉利、斯圖爾特·福曼、伊恩·戈登、大衛·哈恩、瑪麗·亨特、蘇珊娜·凱利、菲爾·梅斯曼、格蕾絲·帕倫波、尼克·帕倫波、傑伊·羅森茨威格、保羅·瓦里、瑪麗·維圖格、默里·威格摩爾和山下美和。我還要感謝加拿大駐聯合國大使馬爾克—安德烈·布蘭查德和BloombergSen的CEO喬納森·布隆伯格，感謝他們對本書的寶貴貢獻。

韓福瑞集團的成員用他們豐富的經驗和背景，鼓勵我完成這本書，並提供了獨一無二的觀點使本書變得更好！我感激巴特·埃格納爾、約翰·卡靈頓、羅布·柏格-奥利維爾、詹姆士·拉姆齊、馬戈·古利和埃米莉·赫姆洛。韓福瑞劇團的另一名成員丹·鄧沙與安吉拉·加蘭奧普魯共同創作了第二十二章。丹和安吉拉都是溫哥華劇院體育聯盟的即興演員，他們在該劇院成立了「商業即興演講工作室」，並在即興喜劇研究所任教。

還有幾個人仔細鑽研了整份手稿，提供給我無價的回饋。余芳（Fang Yu的音譯）提供了編輯建議，偶爾會說：「這對千禧世代來說行不通。」韓福瑞集團副總裁辛西亞·沃德通讀了整篇手稿，並確保它反映出韓福瑞集團的知識產權和聲譽。退休後到不列顛哥倫比亞省溫哥華海岸鮑文島生活的史蒂夫·米切爾（Steve Mitchell），離開他的花園和田園般的生活，提供我最好的寫作建議。

《*Fast Company*》雜誌一直是我的好夥伴，本書中的一些素材摘錄自我在過去幾年裡為該出版物撰寫的文章。里奇・貝利斯是《*Fast Company*》編輯，他鼓勵我去探索那些我可能不會寫的主題，非常感謝他的創作才華和強力的編輯支持，他還為本書第十四章提供了資料。

與威立／喬西—巴斯出版社（Wiley/Jossey-Bass）團隊一起工作是一種樂趣，他們非常樂於助人。編輯珍妮・雷（Jeanenne Ray）很快接受了我的建議，在我需要的時候為我延期兩次。出版社的編輯、設計、印製和行銷團隊都非常出色。我衷心推薦威立，一家生產優質圖書產品的出版社。

最後，感謝我的家人。我的大兒子巴特・埃格納爾現在是韓福瑞集團的CEO，他一直在經營這家公司，而我已經把重點放在了撰寫我們的培訓內容上。他的思考和他在公司的領導力激勵著我，我的小兒子本・埃格納爾是廣告公司藝術總監，他和搭檔余芳為這本書提供了手繪的書名（英文版本封面），並繼續用他們的創業精神和設計天賦啟發我。我的丈夫馬克・埃格納爾在這段旅途中一直是位摯愛的伴侶。他閱讀了每一章，在某些情況下會讀很多次，提供有價值的編輯和建議。我很高興把這本書獻給他。還有我不能忘記的希金斯——我們全家心愛的小狗、也是本書第一部分創作的源泉，遺憾的是，牠已經不再和我們一起了，但我知道這本書會讓牠感到驕傲！

一本書是作者的一段旅程，但也是把人們聚合在一起分享知識、見解和碰撞出合作火花的過程。我非常感謝以上提到的那些和我一起走過這段旅程的人，他們提升了工作成果，並豐富了這個過程。現在我邀請讀者繼續這段旅程。

註釋

引言

1. 阿爾西達馬斯（Alcidamas），公元前四世紀早期的修辭學家，他認為即興創作非常重要。J. V. Muir, ed., *Alcidamas: 7he Works and Fragments* (London: Bristol Classical Press, 2001), 7.
2. 普華永道在奧斯卡頒獎活動中擔任八十三次計票工作。
3. Johanna Schneller, "oscars' epic Best Picture fail aHollywood metaphor," February 27, 2017, https://www.thestar.com/entertainment/television/2017/02/27/oscars-epic-best-picture-fail-a-hollywood-metaphor.html.
4. *La La Land* producer Jordan Horowitz on Oscars best picture mix-up, ABC News, February 27, 2917. http://abcnews.go.com/GMA/video/la-la-landproducer-jordan-horowitz-oscars-best-45776196.
5. Tim Webb, "BP's clumsy response to oil spill threatens to make a bad situation worse," *The Guardian*, June 1, 2010; https://www.theguardian.com/business/ 2010/jun/01/bp-response-oil-spill-tony-hayward.
6. Online Etymology Dictionary, http://www.etymonline.com/index.php?term=impromptu.
7. The Story of Caedmon's Hymn is told by Bede in his *Ecclesiastical History of the English People [Historia ecclesiastica gentis Anglorum]*, Book IV, Chapter xxiv, Cambridge, University Library Kk.5.16, fol.128b.
8. Abraham Lincoln, "Notes for a Law Lecture," as quoted in David Herbert Don-ald, *Lincoln* (New York: Touchstone, 1995), 98.

9. Donald T. Phillips, *Lincoln on Leadership: Executive Strategies for Tough Times* (New York: Warner Books, 1993), 145.
10. Lord Moran, *Churchill: Taken from the Diaries of Lord Moran* (Boston, 1966), 132. Passage quoted in Kathleen Hall Jamieson, *Eloquence in an Electronic Age* (New York: Oxford University Press, 1988), 4.
11. Pastor Terrell Harris, "The Preaching of Martin Luther King Jr.," The Opened Box, January 20, 2014, http://theopenedbox.com/articles/the-preaching-of-martin-luther-king-jr/.
12. Clayborne Carson, ed., *The Autobiography of Martin Luther King, Jr.* (New York: Warner Books, 1998), 223.
13. Richard Branson, "How to overcome public speaking nerves," Virgin.com, https://www.virgin.com/entrepreneur/richard-branson-how-overcome-public-speaking-nerves.
14. Carmine Gallo, "Branson, Buffett Agree: This Skill Is Your Ticket to Career Success," forbes.com, Feb. 18, 2016.
15. Elon Musk, in an interview at Silicon Valley's Churchill Club, quoted by Carmine Gallo in "Richard Branson: 'Communication Is the Most Important Skill Any Leader Can Possess," Forbes.com, July 7, 2015.
16. Carmine Gallo, "Branson, Buffett Agree: This Skill Is Your Ticket to Career Success," Ibid..
17. The 2017 Berkshire Hathaway Annual Shareholders Meeting, Omaha, Nebraska, broadcast by Yahoo!Finance, May 6, 2017.

第一章

1. Elon Musk, tweet, April 6, 2016.
2. Vivian Giang, "What Kind of Leadership Is Needed in Flat Hierarchies?" *Fast Company*, May 19, 2015, https://www.fastcompany.com/3046371/what-kind-of-leadership-is-needed-in-flat-hierarchies.
3. Deborah Ancona and Henrik Bresman, *X-Teams: How to Build Teams That Lead, Innovate, and Succeed* (Boston: Harvard Business School Press, 2007), 9.
4. Ibid., 42.
5. Rick Levine, Christopher Locke, Doc Searls, and David Weinberger, *The Clue-train Manifesto* (New York: Basic Books,

2009), xvii.
6. Greene quoted in Harry McCracken, "'At Our Scale, It's Important to Focus,'" *Fast Company*, December 2016/January 2017, 103.
7. Thomas Petzinger, Jr., Foreword, *The Cluetrain Manifesto*, xi.
8. Joseph McCormack, *Brief* (Hoboken, New Jersey: John Wiley & Sons, 2014), 16.
9. Rachel Emma Silverman, "Where's the Boss? Trapped in a Meeting," *Wall Street Journal*, February 14, 2012.
10. Gloria Mark, Victor M. Gonzalez, and Justin Harris, "No Task Left Behind? Examining the Nature of Fragmented Work," https://www.researchgate.net/publication/221516226_No_Task_Left_Behind_Examining_the_Nature_of_ Fragmented_Work, 324.
11. Seth Stevenson, "The Boss with No Office," *Slate*, May 4, 2014.
12. Alex Bozikovic, "FACEBOOK, U.S.A.," *The Globe and Mail*, June 22, 2016, for "building as village" concept. See also Adam Lashinsky, Mark Zuckerberg, *Fortune*, December 1, 2016, 70 for description of "glass walls" that surround Zuckerberg's office.
13. Om Malik, "Jennifer Magnolfi".
14. 市政廳會議（Town hall meeting），當地官員與民眾交流意見。會議地點有可能會是在學校、圖書館或教堂等，市政廳會議也會用來指企業的正式會議。

第二章

1. Conor Dougherty, "Innovator in Chief," *New York Times*, January 24, 2016, Sunday Business, 1, 4.
2. Joseph McCormack, *Brief* (Hoboken, New Jersey: John Wiley & Sons, 2014), 19.
3. Interview with Boris Groysberg and Michael Slind, "How Effective Leaders Talk (and Listen)," *HBR IdeaCast*, July 5, 2012.
4. Adam Lashinsky, "Zuckerberg," *Fortune*, December 1, 2016, 70–71.

5. Ibid., 70.
6. Harry McCracken, "At Our Scale, It's Important to Focus," *Fast Company*, December 2016/January 2017, 72.
7. Jeff Immelt, "Why GE Is Giving up Employee Ratings, Abandoning Annual Reviews and Rethinking the Role of HQ," LinkedIn, August 4, 2016.
8. Rick Levine, Christopher Locke, Doc Searls, and David Weinberger, *The Cluetrain Manifesto* (New York: Basic Books, 2009), 1.
9. Patrick Lencioni, *The Advantage* (San Francisco: Jossey-Bass, 2012), 147.
10. Theodore Sorensen, *Kennedy* (New York: Bantam Books, 1966), 200.
11. John Birmingham, "Unscripted: 21 Ad-Libs that Became Classic Movie Lines," April 19, 2017, www.purpleclover.com/entertainment/4792-ultimate-ad-libs/.
12. William von Hippel, Richard Ronay, Ernest Baker, Kathleen Kjelsaas, and Sean C. Murphy, "Quick Thinkers Are Smooth Talkers," *Psychological Science*, November 30, 2015, https://www.psychologicalscience.org/news/releases/quick-thinkers-are-charismatic.html. Abstract of research, "Quick Thinkers Are Smooth Talkers: Mental Speed Facilitates Charisma".
13. Julie Beck, "Quick Thinkers Seem Charismatic, Even If They're Not That Smart," *The Atlantic*, December 4, 2015. Author draws upon the study by William von Hippel et al.
14. Stephen T. Asma, "Was Bo Diddley a Buddha?" *New York Times*, April 10, 2017.

第11章

1. Daniel Ford, "Gallup: 70 Percent of U.S. Workers Are Disengaged," *Associations Now*, June 13, 2013.
2. Walter Isaacson, *Steve Jobs* (New York: Simon & Schuster, 2011), 38, 561, 564.
3. James Covert and Claire Atkinson, "'No layoffs … this week': Marissa Mayer's creepy comment kills morale," *New York Post*, January 18, 2016. (Italics in quoted passage mine.)

4. Patrick Lencioni, *The Advantage* (San Francisco: Jossey-Bass, 2012), 149.
5. Trudeau's 'because it's 2015' retort draws international attention," The Canadian Press, November 5, 2015.
6. Conor Friedersdorf, "The Gettysburg Address at 150—and Lincoln's Impromptu Words the Night Before," *The Atlantic*, November 19, 2013.
7. Ahiza Garcia, "Carrier workers' rage over move to Mexico caught on video," CNN Money, February 19, 2016.
8. Rosabeth Moss Kanter, *Evolve!* (Boston: Harvard Business School Press, 2001), p. 7.

第四章

1. 愛比克泰德（Epictetus，約公元五五至一三五年）是古羅馬斯多噶派哲學家，曾為奴隸，後來和斯多噶派哲學家魯佛斯學習，並獲得自由。此後在羅馬教書。後來遭到羅皇帝驅逐，遷居希臘尼科波利斯，於此終其一生。

2. Om Malik, "Jennifer Magnolfi".
3. Seth Stevenson, "The Boss with No Office," *Slate*, May 4, 2014.
4. Joseph McCormack, *Brief* (Hoboken, New Jersey: John Wiley & Sons, 2014), 19.
5. McKinsey Global Institute, "The Social Economy: Unlocking Value and Productivity through Social Technologies," cited in Jena McGregor, "How much time you really spend emailing at work," *Washington Post*, July 31, 2012, https://www.washingtonpost.com/blogs/post-leadership/post/how-much-time-you-really-spend-emailing-at-work/2012/07/31/gJQAI50sMX_blog.html?utm _term=.12be059f46c2.
6. Aaron Smith, "Americans and Text Messaging," September 19, 2011, Pew Research Center.
7. Maria Gonzalez, *Mindful Leadership* (Mississauga, Ontario: Jossey-Bass, 2012), 31.
8. Ibid., 127.
9. Richard Branson, interview with Chase Jarvis "Creative Live," May 10, 2016, https://www.youtube.com/watch?v=ubHMuYjUCfU.

10. Cindi May, "A Learning Secret: Don't Take Notes with a Laptop," *Scientific American*, June 3, 2014.
11. Natalie Baker, "Your employees wish you were emotionally intelligent," *The Economist*, April 5, 2016, http://execed.economist.com/blog/industry-trends/your-employees-wish-you-were-emotionally-intelligent.
12. Dr. Seuss, *Seuss-isms: Wise and Witty Prescriptions for Living from the Good Doctor* (New York: Random House, 1997).

第五章

1. James M. Kouzes and Barry Z. Posner, *Credibility: How Leaders Gain and Lose It, Why People Demand It* (San Francisco: Jossey-Bass, 2011), xi.
2. Adam Grant, "Unless You're Oprah, 'Be Yourself ' Is Terrible Advice," *New York Times*, Sunday Review, June 4, 2016.
3. Online Etymology Dictionary.
4. Rob Goffee and Gareth Jones, *Why Should Anyone Be Led By You?* (Boston: Harvard Business Review Press, 2015), x.
5. Elon Musk, interview at D11 Conference, May 29, 2013.
6. Simon Sinek, *Start with Why* (New York: Penguin Group, 2009), 133.
7. Rosabeth Moss Kanter, *Evolve!* (Boston: Harvard University Press, 2001), 267.
8. Walter Isaacson, *Steve Jobs* (New York: Simon & Schuster, 2011), 565.
9. Patrick Lencioni, *The Advantage* (San Francisco: Jossey-Bass, 2012), 27.
10. Marla Tabaka, "Four Success Lessons From Amazon's Jeff Bezos," Inc.com, August 18, 2015.
11. Eugene Kim, "How the CEO of this $2.5 billion tech company hires without asking many questions," *Business Insider*, April 23, 2016.
12. Jack Dorsey, interview at Oxford Union Society, April 8, 2015, https://www .youtube.com/watch?v=uB3xns-E48c.
13. Warren Bennis, *On Becoming a Leader* (New York: Basic Books, 2009), 45–46.

第六章

1. Joseph McCormack, *Brief* (Hoboken, New Jersey: John Wiley & Sons, 2014), 16.
2. Rick Stengel, managing editor, *Time*, interview with Mark Zuckerberg; time .com/video.
3. "Attention Span Statistics," National Center for Biotechnology Information, July 2, 2016.
4. Christopher Hooton, *Independent*, "Our Attention Span Is Now Less Than That of a Goldfish, Microsoft Study Finds," May 13, 2015.
5. Mark Goulston, "How to Know If You Talk Too Much," *Harvard Business Review*, June 3, 2015. https://hbr.org/2015/06/how-to-know-if-you-talk-too-much.
6. This example has been slightly altered so as not to identify the actual CEO.
7. Theodore Sorensen, *Kennedy* (New York: Bantam Books, 1966), 365.
8. Churchill quoted in *Manner of Speaking*, "Quotes for Public Speakers" (No. 112), https://mannerofspeaking.org/2012/01/06/quotes-for-public-speakers-no-112/.

第七章

1. "Daniel Craig quits as James Bond for US series," *Bang Showbiz*, February 16, 2016.
2. James Kouzes and Barry Posner, *Credibility* (San Francisco: John Wiley & Sons, 2011), 92.
3. Ben Widdicombe, "What Happens When Millennials Run the Workplace?" *New York Times,* March 19, 2016, http://nyti.ms/1RaeMw4.

第八章

1. Colin Perkel, the *Canadian Press*, "PM Smarty-Pants: Trudeau delivers impromptu computing lesson," April 15, 2016, Canada.com.

2. Charles Bramesco, "Man of Your Dreams Justin Trudeau Casually Drops Quan-tum Computing Lecture in Press Conference," *Vanity Fair*, April 16, 2016, http://www.vanityfair.com/news/2016/04/justin-trudeau-quantum-computing.
3. For nineteenth-century use of paper cuffs to write on, see *Early Sports and Pop Culture Blog*, "Paper Linen and Crib Notes—A Well-Planned History of 'Off the Cuff,'" February 20, 2015. For Oxford English Dictionary (OED) confirmation of first use and origin of off-the-cuff speaking see: http://languagelog.ldc.upenn .edu/nll/?p=4130.
4. "Demosthenes: Introduction to Demosthenes," http://erenow.com/ancient/the-age-of-alexander/7.html.
5. "Three Weeks to Prepare a Good Impromptu Speech," http://quoteinvestigator .com/2010/06/09/twain-speech.
6. James C. Humes, *Speak Like Churchill, Stand Like Lincoln* (New York: Three Rivers Press, 2002), 26.
7. James C. Humes, *Sir Winston Method* (New York: William, 1991), 169–170.
8. Carmine Gallo, *The Presentation Secrets of Steve Jobs* (New York: McGraw Hill, 2010), 199.
9. Jillian Rayfield, "Eastwood explains why he spoke to the chair," http://www.salon.com/2012/09/07/eastwood. According to an article published in *The Washington Post*, written by Travis M. Andrews, August 4, 2016 (http://wpo.st/uiVq1—see file), Eastwood retracted his 2012 explanation and said he regretted "that silly thing at the Republican convention, talking to the chair."
10. Kathleen Hall Jamieson, *Eloquence in an Electronic Age* (New York: Oxford Uni-versity Press, 1988), 232.
11. Adam Lashinsky, "Facebook CEO Mark Zuckerberg," *Fortune*, December 1, 2016, 71.
12. Zuckerberg quotations are from a variety of sources. The first is from an interview with Sam Altman, "How to Build the Future," August 16, 2016, https://www.scribd.com/document/321383212/How-to-Build-the-Future-Mark-Zuckerberg#download&from_embed. The second, third, and fourth are from Zuckerberg's F8 2016 keynote presentation. The last is from a 2010 interview with Rick Stengel, *Time*.
13. Adam Lashinsky, "Facebook CEO Mark Zuckerberg," *Fortune*, December 1, 2016, 70–71.

第九章

1. Candace West, "Against Our Will: Male Interruptions of Females in Cross-Sex Conversations," *Annals of the New York Academy of Sciences 327* (June 1979), 81–96. Men interrupted women 75 percent of the time in cross-sex conversations.

第十章

1. J. V. Muir, ed., *Alcidamas: The Works & Fragments* (London: Bristol Classical Press, 2001), 7.
2. H. L. Hudson-Williams, *Greece & Rome*, Vol. 18, No. 52 (Cambridge University Press, Jan. 1949), 30, http://www.jstor.org/stable/641798.
3. Michael de Brauw, "The Parts of the Speech," in A *Companion to Greek Rhetoric*, ed., Ian Worthington (Malden, Massachusetts: Blackwell Publishing, 2007), 187–199.
4. "Richard Branson on the Art of Public Speaking," *Entrepreneur*, February 16, 2013.

第十一章

1. Cartoon by Mike Baldwin, for "Cornered," *The Globe and Mail*, May 29, 2017.
2. Rick Tetzeli, "The Real Legacy of Steve Jobs, *Fast Company*, April 2015, 73.
3. Harry McCracken, "At Our Scale, It's Important to Focus," *Fast Company*, December 2016 /January 2017, 72.
4. Marla Tabaka, "Four Success Lessons from Amazon's Jeff Bezos," Inc.com, August 18, 2015. The article cites an interview Bezos had with *Time*.

第十二章

1. Tom Quirk, referring to William Dean Howells's "divine ragbag" comment about Twain's approach to composing, in Introduction, *Mark Twain: Tales, Speeches, Essays and Sketches*, ed., Tom Quirk (New York: Penguin Books, 1994), xiii.

2. Duff McDonald, *Last Man Standing: The Ascent of Jamie Dimon and JPMorgan Chase* (New York: Simon & Schuster, 2009), 312.

第十四章

1. "Meetings in America," A Verizon Conferencing Whitepaper.
2. See several sources: Ray Williams, "Why Meetings Kill Productivity," *Psychology Today*; Bourree Lam, "The Wasted Workday," *The Atlantic*, December 4, 2014; "Meetings in America," A Verizon Conferencing Whitepaper, https://e-meetings.verizonbusiness.com/global/en/meetingsinamerica/uswhitepaper.php#COST.
3. Oriana Bandiera, Luigi Guiso, Andrea Prat, and Raffaella Sadun, "What Do CEOs Do?" Cambridge: Harvard Business School Working Paper 11–081 (2011). Cited in Joseph McCormack, *Brief* (Hoboken, New Jersey: John Wiley & Sons, 2014), 17.

第十六章

1. H. L. Hudson-Williams, "Impromptu Speaking," *Greece & Rome*, Vol. 18, No. 52 (Cambridge University Press, January, 1949), 28, http://www.jstor.org/stable/641798.

第十七章

1. Larry Tye, *Bobby Kennedy: The Making of a Liberal Icon* (New York: Random House, 2016), 410.
2. William Safire, ed., *Lend Me Your Ears: Great Speeches in History* (New York: Norton, 1997), 215–216.

第十八章

1. Jonathan Eig, *Luckiest Man: The Life and Death of Lou Gehrig* (New York: Simon and Schuster, 2005), 316.

2. The Official Website of Lou Gehrig.
3. Eleanor Gehrig and Joseph Durso, *My Luke and I* (New York: Signet, 1976), 173.

第十九章

1. H. L. Hudson-Williams, "Impromptu Speaking," *Greek & Rome*, Vol. 18, No. 52 (Cambridge University Press, January, 1949), 28, http://www.jstor.org/stable/641798.
2. Trey Williams, "Mark Zuckerberg Resolves to Read a Book Every Other Week in 2015," January 5, 2015, Marketwatchhttp://www.marketwatch.com/story/mark-zuckerberg-resolves-to-read-a-book-every-other-week-in-2015–2015–01–05.
3. Adam Lashinsky, "Mark Zuckerberg," *Fortune*, December 1, 2016, 70.
4. Matt Levine interview with Brad Katsuyama, "Brad Katsuyama Q&A: 'I Don't Think We Would Have Survived If It Was Just Hype,'" Bloomberg Markets, October 12, 2016, https://www.bloomberg.com/features/2016-brad-katsuyama-interview/.
5. Roy P. Basler, ed., *Collected Works of Abraham Lincoln* (New Brunswick, New Jersey: Rutgers University Press, 1953), Vol. 3, p. 16.
6. Jo Best, "IBM Watson: The Inside Story of How the Jeopardy-Winning Super-computer Was Born, and What It Wants to Do Next," Techrepublic, n.d.

第二十章

1. http://abcnews.go.com/blogs/politics/2011/11/rick-perrys-debate-lapse-oops-cant-remember-department-of-energy/.
2. Scott Bromley, "How Scripted Are the Interviews on Late Night Talk Shows?" The Chernin Group.
3. Denzel Washington accepts Cecil B. DeMille Award (2016); https://www .youtube.com/watch?v=yTqzj3dYUOo.
4. Carmine Gallo, "Richard Branson: Communication Is the Most Important Skill Any Leader Can Possess," *Forbes*, July 7, 2015, https://www.forbes.com/sites/carminegallo/2015/07/07/richard-branson-communication-is-the-most-important-skill-

any-leader-can-possess/#23f59bc82e8a.

第二十一章

1. Robert I. Fitzhenry, ed., *The Fitzhenry & Whiteside Book of Quotations* (Markham, Ontario: Fitzhenry & Whiteside, 1993), 482.
2. Abraham Lincoln, quoted in F. B. Carpenter, *Six Months at the White House with Abraham Lincoln* (1866). Reprinted (Bedford, MA: Applewood Books, 2008), 312.
3. Bart Egnal, *Leading Through Language* (Hoboken, New Jersey: John Wiley & Sons, 2016).
4. Winston Churchill, speech on receiving the *London Times* Literary Award, November 2, 1949, quoted in Richard Langworth, ed., *Churchill by Himself* (New York: Public Affairs, 2011), 61.
5. Howard Schultz, "Smell the Coffee: Starbucks CEO Talks Business," London Business Forum, May 10, 2011, https://www.youtube.com/watch?v=83yInyY1KLs.
6. Jessica Shambora, "Amex CEO Ken Chenault: Define Reality and Give Hope," May 12, 2009.

第二十二章

1. Vivian Giang, "Why Top Companies and MBA Programs Are Teaching Improv," *Fast Company*, January 13, 2016, https://www.fastcompany.com/ 3055380/why-top-companies-and-mba-programs-are-teaching-improv.
2. Lisa Evans, "3 Ways Improv Can Improve Your Career," *Fast Company*, January 31, 2014, https://www.fastcompany.com/3025570/3-ways-improv-can-improve&hellip.
3. Mark Tutton, "Why Using Improvisation to Teach Business Skills Is No Joke," CNN.com, February 18, 2010.
4. Edward Zareh, "Follow the Fear: The Influence of Del Close," video, https://www.youtube.com/watch?v=3DQVLqxg4bw.
5. Jeff Bezos, Interview with Henry Blodget, *Business Insider's* Ignition 2014, https://www.youtube.com/

watch?v=Xx92bUw7WX8.

第二十三章

1. Diane Ackerman, *A Natural History of the Senses* (New York: Vintage Books, 1991), 6.
2. Blake Green, "That Classic Voice, That Timeless Look," *Toronto Star*, December 19, 1999, D10.
3. Chris Anderson, *TED Talks: The Official TED Guide to Public Speaking* (Toronto: HarperCollins Publishers Ltd, 2016), 19.
4. Juliana Schroeder and Nicholas Epley, "The Science of Sounding Smart," *Harvard Business Review*, October 7, 2015. https:/ hbr.org/2015/10/the-science-of-sounding-smart.

第二十四章

1. Amy Cuddy, "Your Body Language Shapes Who You Are," TED Talk, filmed June 2010.
2. Diane Ackerman, *A Natural History of the Senses* (New York: Vintage Books, 1991), 230.
3. A. J. Harbinger, "Seven Things Everyone Should Know about the Power of Eye Contact," *Business Insider*, May 14, 2015. For Abstract of Study, "Effect of Gazing at the Camera during a Video Link on Recall," see https://www.ncbi .nlm.nih.gov/ pubmed/16081035.

結語

1. Malcolm Gladwell, *Blink: The Power of Thinking Without Thinking* (New York: Little, Brown and Company), 11.
2. Ibid., 113.
3. Stephen T. Asma, "Was Bo Diddley a Buddha?" *New York Times*, April 10, 2017.

即興表達力（二版）：刻意練習你的魔幻時刻，抓住生涯的關鍵契機
Impromptu：Leading in the Moment

作　　者　茱迪斯・韓福瑞（Judith Humphrey）
譯　　者　王克平、坰清
責任編輯　夏于翔
協力編輯　王彥萍
內頁構成　李秀菊
封面美術　兒日

發 行 人　蘇拾平
總 編 輯　蘇拾平
副總編輯　王辰元
資深主編　夏于翔
主　　編　李明瑾
業務發行　王綬晨、邱紹溢、劉文雅
行銷企畫　廖倚萱
出　　版　日出出版
地址：231030新北市新店區北新路三段207-3號5樓
電話：02-8913-1005　傳真：02-8913-1056
網址：www.sunrisepress.com.tw
E-mail信箱：sunrisepress@andbooks.com.tw

發　　行　大雁出版基地
地址：231030新北市新店區北新路三段207-3號5樓
電話：02-8913-1005　傳真：02-8913-1056
讀者服務信箱：andbooks@andbooks.com.tw
劃撥帳號：19983379　戶名：大雁文化事業股份有限公司

印　　刷　中原造像股份有限公司
二版一刷　2023年12月
定　　價　460元
I S B N　978-626-7382-37-0

國家圖書館出版品預行編目（CIP）資料

即興表達力:刻意練習你的魔幻時刻,抓住生涯的關鍵契機／茱迪斯.韓福瑞(Judith Humphrey)著：王克平,坰清譯. -- 二版. -- 新北市：日出出版：大雁文化發行, 2023.12
320面；15×21公分
譯自：Impromptu:leading in the moment.
ISBN 978-626-7382-37-0（平裝）
1.CST: 組織傳播 2.CST: 商務傳播 3.CST: 企業領導
494.2　　112019647